"十四五"职业教育国家规划教材

中式烹调技艺

Zhongshi Pengtiao Jiyi

（第三版）

（烹饪类专业）

主编 邹 伟 李 刚

U0307403

高等教育出版社·北京

内容简介

本书是"十四五"职业教育国家规划教材，在第二版的基础上修订而成。

本书与行业标准的"应知""应会"内容相结合，能够切实满足职业岗位能力培养的需要。主要内容包括：走进"中式烹调技艺"课程，烹饪原料加工，刀工和勺工技术，热菜的配菜，中式烹调技术，筵席知识，共6个单元。本次修订对上一版内容进行了有机整合，并增加了大量数字化教学辅助资源，对技能操作的重点和难点配有二维码视频，针对一些经典技艺，配有课件，讲解经典菜例的制作方法，增强了本书的实用性。

本书配有在线开放课程和学习卡资源，按照"本书配套的数字化资源获取与使用"及书后"郑重声明"页中的提示，可获取相关教学资源。

本书是中等职业学校烹饪类专业，包括中餐烹饪、中西面点等专业的教材，也可作为烹饪行业岗位培训教材和自学用书。

图书在版编目（CIP）数据

中式烹调技艺/邹伟，李刚主编．--3版．-- 北京：高等教育出版社，2022.1（2024.2重印）
ISBN 978-7-04-056927-8

Ⅰ．①中… Ⅱ．①邹… ②李… Ⅲ．①中式菜肴－烹饪－中等专业学校－教材 Ⅳ．① TS972.117

中国版本图书馆 CIP 数据核字（2021）第 176093 号

策划编辑 苏 杨	责任编辑 苏 杨	封面设计 李小璐	版式设计 徐艳妮
责任校对 窦丽娜	责任印制 赵 振		

出版发行 高等教育出版社	网 址	http://www.hep.edu.cn
社 址 北京市西城区德外大街 4 号		http://www.hep.com.cn
邮政编码 100120	网上订购	http://www.hepmall.com.cn
印 刷 河北鹏盛贤印刷有限公司		http://www.hepmall.com
开 本 889mm×1194mm 1/16		http://www.hepmall.cn
印 张 13.75	版 次	2002 年 12 月第 1 版
		2022 年 1 月第 3 版
字 数 290 千字		
购书热线 010-58581118	印 次	2024 年 2 月第 7 次印刷
咨询电话 400-810-0598	定 价	34.80 元

本书配套的数字化资源获取与使用

 在线开放课程（MOOC）

本书配套在线开放课程"中餐热菜制作"，可通过计算机或手机 APP 端进行视频学习、测验考试、互动讨论。

- **计算机端学习方法：**访问地址 http://www.icourses.cn/vemooc，或百度搜索"爱课程"，进入"爱课程"网"中国职教 MOOC"频道，在搜索栏内搜索课程"中餐热菜制作"。
- **手机端学习方法：**扫描下方二维码或在手机应用商店中搜索"中国大学 MOOC"，安装 APP 后，搜索课程"中餐热菜制作"。

中餐热菜制作

扫码下载APP

 Abook教学资源

本书配套电子教案、教学课件等教学辅助资源，请登录高等教育出版社 Abook 网站 http://abook.hep.com.cn/sve 获取相关资源。详细使用方法见本书"郑重声明"页。

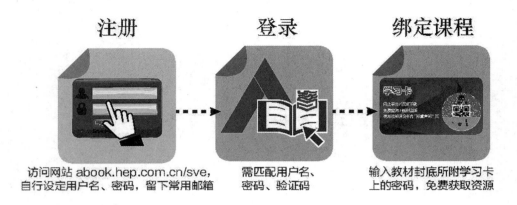

注册　　　　　登录　　　　　绑定课程

访问网站 abook.hep.com.cn/sve，　　需匹配用户名、　　　　输入教材封底所附学习卡
自行设定用户名、密码，留下常用邮箱　　密码、验证码　　　　　上的密码，免费获取资源

扫码下载Abook APP

 二维码教学资源

　　本书配套微视频、菜肴案例等学习资源，在书中以二维码形式呈现。扫描书中的二维码进行查看，随时随地获取学习内容，享受立体化阅读体验。

扫一扫，学一学

第三版前言

《中式烹调技艺》自 2002 年出版以来，深受广大师生欢迎。为深入贯彻落实《国家职业教育改革实施方案》(国发〔2019〕4 号)，突出现代职业教育核心素质培养的新教学理念，更好地培育中餐烹饪类专业技术技能型人才，传承中式餐饮传统文化精髓，我们在 2009 年第二版的基础上修订了本书。本书以烹饪岗位工作过程的课程体系为核心，以项目教学为主要形式，以职业素养和专业技能学习为基本模块，以理实一体化为主要教学方式，本着"夯实基础，贴近工作岗位，培养工匠精神"的编写原则，修订中力争体现教材的职业性、系统性、规范性、操作性和新颖性，并配合职业技能鉴定证书所需，适当调整了内容。

修订后的教材具有以下几个特点：

1. 注重情境教学。本书在体例设计上以学生的心理和实际需求为出发点，注重情境创设，书中文字与视频结合，尽可能将各个知识点生动地展示出来。以手绘示意图强调技术要领，力求内容展示的直观性、生动性，帮助学生将自主学习和互动性训练教学相结合，不仅拓展了学生的思维，提高了知识的应用能力，同时也活跃了课堂气氛，能够较好地培养学生主动学习的良好习惯。书中以二维码的方式呈现视频资料，可以利用电子设备重复学习，以达到复习和强化技能的双重目的。

2. 注重工匠精神及职业素养培育。本书根据烹饪专业职业教育规律和课程设置的特点，弘扬劳动精神、奋斗精神、奉献精神、创造精神。在真实的烹饪岗位工作流程操作中，除了专业训练外，还强调培养学生规范操作、安全操作、清洁卫生的环境整理、与他人合作共事等方面的职业素养，从而达到提升学生综合职业能力、促进其全面发展的目的。

3. 注重操作能力训练。本书吸收了大批优秀的行业企业技术人才参与编写，倡导绿色烹饪，以健康环保为烹饪理念，坚持理论和生产实践相结合，内容体现烹饪行业新技术、新工艺、新规范，以理论指导实践操作，实现了"教、学、做"合一，很好地体现了产教融合、校企合作，力求做到专业知识与专业综合素质、专业技术能力的有机融合。

4. 推动文化自信自强。中国餐饮文化是中华文明的宝贵遗产，学习和传承餐饮文化是烹饪专业学生的责任和使命。书中从多个视角渗透传统的烹饪文化和烹饪理念，展示中华民族优秀文化的精髓，从而提升学生综合素养和文化内涵，增强文化自信。

本书共设置 6 个单元，涵盖了烹饪专业 4 个工作岗位的 18 个项目。考虑烹饪类专业职业教育改革及专业课程教学的发展变化，修订中采用单元-项目式体例结构，增加了能力培养、知识链接等栏目，使理论知识与实践操作联系得更为紧密。学生可以按照教学计划学习，体现"学—练—习—思"的逻辑思维过程。本课程建议安排108学时，具体安排如下表所示，各校可根据当地教学实际灵活安排。

单元	教学内容		学时数		
		合计	讲授	实践（活动）	机动
单元1 走进"中式烹调技艺"课程	项目1.1 烹调认知	2	2		
	项目1.2 中式菜肴的特点与风味流派	2	2		
单元2 烹饪原料加工	项目2.1 鲜活原料的初步加工	4	2	2	
	项目2.2 出肉加工及整料去骨	4	2	2	
	项目2.3 干货原料的涨发	6	4	2	
单元3 刀工和勺工技术	项目3.1 刀工刀法	16	6	10	
	项目3.2 勺工技术	8	4	4	
单元4 热菜的配菜	项目4.1 配菜认知	2	2		
	项目4.2 热菜配菜的方法	4	2	2	
单元5 中式烹调技术	项目5.1 火候知识	4	4		
	项目5.2 烹饪原料的初步热处理	4	2	2	
	项目5.3 中式烹调的辅助手段	8	4	4	
	项目5.4 调味	4	2	2	
	项目5.5 制汤	4	2	2	
	项目5.6 菜肴烹调方法	16	6	10	
	项目5.7 热菜装盘	6	4	2	
单元6 筵席知识	项目6.1 筵席认知	2	2		
	项目6.2 筵席的实施	4	2	2	
机动		8			8
总计		108	54	46	8

本书的修订队伍由具有丰富烹饪教学经验和实践经验的烹饪大师、名师组成。吉林省城市建设学校餐旅服务教学部邹伟任执行主编，并撰写大纲、设计体例，参与单元1、单元3、单元4、单元5（项目5.4至项目5.7）、单元6的编写，广西职业技术学院烹调工艺与营养教研室覃大成负责单元2、单元3、单元5的编写及视频资料制作整理，广州市旅游商务职业学校烹饪专业陈奕慰负责单元2的编写，浙江省义乌市城镇职业技术学校龚一旭负责单元5（项目5.1至项目5.3）的编写。

在编写过程中得到了吉林省教育学院张艳平主任，行业专家中国烹饪大师夏德润先生、中国烹饪大师宋殿阁先生、中国烹饪大师施广庆先生，以及吉林省城市建设学校、广西职业技术学院领导的大力支持，在此一并表示衷心的感谢。

由于时间仓促加之编者水平有限，书中存在不足之处在所难免，敬请广大读者批评指正。读者意见反馈信箱：zz_dzyj@pub.hep.cn。

编者
2022年11月

第一版前言

本书是根据教育部 2001 年颁布的《中等职业学校烹饪专业课程设置》中主干课程"中式烹调技艺教学基本要求",并参照有关行业的职业技能鉴定规范及中级技术工人等级考核标准编写的中等职业教育国家规划教材。

本书内容全面,融烹饪原料加工、中式烹调技艺、现代筵席知识、现代餐饮潮流为一体,体现了在继承基础上的创新。既有知识介绍,又有方法指导,旨在理论与实践相结合,提高学生的综合素质。

本书在知识讲解方面具有针对性和新颖性;在实践操作方面具有应用性和工艺的先进性。既有传统饮食文化和传统烹调工艺的介绍,又有现代饮食潮流和现代烹调工艺的引进,体现了本书知识的科学性、技术的应用性、工艺的先进性等特点。

本书共 108 学时,具体安排见下表(供参考)。教学时可在 108 学时的范围内灵活安排教学内容。

教学内容	学时数			
	合计	讲授	实践	机动
中式烹调概述	2	2		
鲜活烹饪原料的初步加工	6	4	2	
刀工刀法和勺工技术	15	9	6	
出肉及整料去骨	4	2	2	
干货原料的涨发	6	4	2	
烹饪原料的初步热处理	8	4	4	
热菜配菜	2	2		
火候知识	4	4		
调味	4	4		
制汤	8	4	4	
上浆、挂糊和勾芡	8	6	2	
菜肴的烹调方法	16	8	8	
热菜装盘	6	4	2	
宴席知识	4	4		
西式烹调简介	3	3		
快餐基础知识	2	2		
机动	10			10

教学内容	学时数			
	合计	讲授	实践	机动
合计	108	66	32	10

　　本书由北京第 103 职业高中特级教师、高级中式烹调技师李刚编写第三章、第十二章，北京市服务管理学校讲师、中式烹调技师王月智编写第九章、第十三章、第十四章，北京市延庆第一职业学校高级讲师、中式烹调技师赵子余编写第一章、第五章、第十章、第十一章，北京市第 103 职业高中讲师、中式烹调技师张玉洁编写第六章、第八章，北京市第 103 职业高中讲师、中式烹调技师袁军编写第二章、第四章、第七章，西安服务学校高级中式烹调技师郝建琪、倪华编写第十五章、第十六章。由李刚和王月智担任主编。

　　本书由全国中等职业教育教材审定委员会审定，由哈尔滨商业大学杨铭铎教授任责任主审，杨铭铎、南京市商业中等专业学校高级讲师刘晓南负责审稿，在此表示感谢。

　　本书可作为中等职业学校烹饪专业教材，也可作为烹饪技术人员的培训教材，并可供广大烹饪爱好者使用。在本书编写过程中得到了北京市第 103 职业高中、北京市服务管理学校、北京市延庆第一职业学校、西安服务学校领导的大力支持，在此一并致谢。由于编写时间仓促，加之我们的水平有限，在书中定有诸多不妥之处，恳望各位专家及广大读者不吝赐教。

编者

2002 年 6 月

目　　录

数字化资源目录

教学演示文稿资源一览表

微视频资源一览表

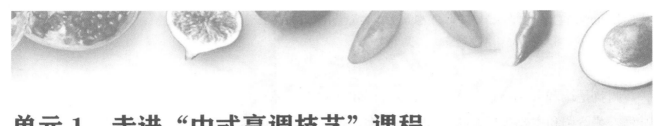

单元1　走进"中式烹调技艺"课程

中国是人类文明的发祥地之一，中华民族在长期的生产实践中创造了光辉灿烂的文化。中国烹饪（饮食文化）是中华民族优秀文化的重要组成部分，有着悠久的历史和丰富的内涵。中式烹调以技艺精湛、风味多样、食疗结合、畅神悦情著称于世，是中国乃至世界文化的宝贵财富。

本单元的主要内容有：（1）烹调认知；（2）中式菜肴的特点与风味流派。

项目1.1　烹调认知

> **学习目标**
>
> 知识目标：1. 理解烹调的概念和作用。
> 　　　　　2. 掌握烹调的起源和意义。
> 技能目标：1. 能叙述烹、调的基本内涵。
> 　　　　　2. 能阐述中式烹调的历史和发展过程。
> 素养目标：注重烹饪专业情感兴趣的培养。

一、烹调概述

烹调是制作菜肴的一门技艺，它包含烹和调两个方面，两者既是统一的整体，又具有不同的技术内涵。

（一）烹调的概念

1. 烹

烹就是加热，是指运用各种加热手段，使烹饪原料由生到熟并形成具有标准的色泽、形态和质感的菜肴的过程。烹主要有水烹法、汽烹法、油烹法、电磁波烹法、固体烹法以及其他烹法等。

2. 调

调就是调和，是指运用各类烹饪调料和施调方法，使菜肴形成标准的滋味、香气和色彩的过程。菜肴调和主要包括调味、调香、调色、调质等基本内容。其中调味是技术核心。

3. 烹调

烹调是将加工切配的烹饪原料加热至成熟，运用调味品进行调和制作成菜肴的过程。狭义上的烹调，仅指菜肴制作中的烹制和调制过程。广义上的烹调，则指菜肴制作的方法和工序，即烹调工艺。烹调工艺学是以菜肴制作流程为主线，以岗位能力与知识为主要内容，研究菜肴烹调原理、方法和流程的一门技术学科。烹调工艺学是烹饪工艺的重要组成部分，也是学习烹饪工艺的核心学科。

（二）烹调的作用

1. 烹的作用

（1）灭菌消毒，保障食用安全　烹饪原料受生长环境、储藏保管等因素影响，有时也会带有对人体健康有害的细菌及寄生虫卵。这些细菌和寄生虫，在加热温度达到85℃左右时，基本都可以被杀灭消除。有些烹饪原料还带有少量的动、植物天然毒素，若不去除，则易造成食物中毒。所以，加热烹饪原料，可以起到灭菌消毒作用，确保人们的饮食安全。

（2）分解养分，利于消化吸收　烹饪原料中含有维持人体正常生理活动及机体生长所必需的蛋白质、脂肪、糖类、矿物质、维生素等营养成分。可是，这些营养成分都是以复杂的化合物状态存在于烹饪原料的组织之中，不易被人体吸收。而烹的过程，可以起到初步分解食物营养成分的作用。因为这些烹饪原料经过加热处理，会发生物理变化和化学变化，促使烹饪原料组织初步分解。例如蛋白质通过加热处理，一部分凝固，另一部分溶解在汤里；淀粉在加热处理后，一部分转变成糊精，另一部分分解为糖类。这就相当于食物在进入人体前先进行了初步的消化，减轻了人体消化器官的负担，使食物中的营养成分更利于吸收。

（3）生成香气，增强饮食美感　烹饪原料未经加热时气味各异，但是经过烹制后，就会生成诱人食欲的气味。例如未经烧煮的生肉我们感受不到肉的芳香，但加水烹制后，即使不加任何调味品，也会肉香四溢。对于烹饪原料，即使是蔬菜类和谷类，煮熟过程中，也会有部分醇、酯、酚、糖类随着原料组织的分解而游离出香气。

（4）融合滋味，形成复合美味　很多菜肴都由两种以上的烹饪原料组成，而每一种原料又都有着独特的滋味。在烹制前，烹饪原料的滋味都是独立存在、互不融合的。但任何物质中的分子都处在运动之中，温度越高运动越激烈。根据这一原理，把多种烹饪原料一起加热，各种原料中的滋味成分就会在高温的作用下，以水、油等为载体，互相渗透，从而形成复合的美味佳肴，例如"栗子烧鸡""酸菜鱼"。

（5）增色美形，丰富外观形态　烹制是丰富菜肴色彩和形态的重要手段。烹饪原料在加热过程中，可以使菜肴色泽鲜艳、外形美观。例如，虾、蟹加热后颜色鲜红；上浆后的鱼片经滑油处理后色泽洁白如玉；绿叶蔬菜加热后颜色碧绿、富有光泽。而且，烹制可以使剞过花刀的烹饪原料确定形态，呈佛手形、麦穗形、菊花形、荔枝形等优美的形态。

（6）丰富质感，形成菜肴风格　如果说味道是菜肴的核心，那么质感就是菜肴的"骨骼"。热菜的质感是通过烹制后得以确立形成的，也是检验烹制过程中火候运用效果的客观标准。所以，烹制的手段与火候是形成菜肴特色质感风格的技术前提。例如，旺火速成的菜肴质感鲜嫩；高温油炸的菜肴外酥里嫩；小火久烹的菜肴质感软烂。

2. 调的作用

（1）消除原料异味　所谓食材的异味是指某些烹饪原料中固有的腥、膻、臊、臭等不良气味，如牛肉、羊肉、水产品及动物内脏等通常带有这些味道。这些气味仅通过加热难以全部去除，可以采用一些调料和适当的调味手段，去除、减弱或掩盖原料中的异味，同时突出并赋予原料香气。消除原料异味通常有三个途径：一是原料烹制前的腌渍过程；二是原料烹制中的调和过程；三是原料烹制后的补充调味过程。另外，动物性烹饪原料太过油腻，也可在烹制时加入适当的调味品，起到去油解腻的作用。

（2）赋予菜肴美味　调味是以原料本味为中心，无味者使其有味，有味者使其更美，味淡者使其浓厚，味美者使其突出。烹饪中的调味品具有提鲜、添香、增进菜肴美味的作用。因为有很多烹饪原料自身淡而无味，所以必须加入调料或采取调味手段方法，才能使其成为美味佳肴，例如粉皮、豆腐、海参。

（3）确定菜肴风味　风味多样是中式菜肴的一大特色。而菜肴多种多样的味型，是通过运用调料进行调和得以确定并实现的，例如山东风味菜的葱香味、四川风味菜的麻辣味。即使是同一种烹饪原料，运用不同调料和施调方法，也会形成不同风味的菜肴，例如"五香扒鸡""咖喱鸡""豉油鸡""陈皮鸡"。

（4）增进菜肴美观　中式菜肴色彩艳丽，可以给人以赏心悦目的精神享受。菜肴的色彩一方面取决于烹饪原料本身的颜色，另一方面取决于调料的巧妙应用。烹调菜肴时加入的调味料种类与用量不同，能调和出色彩各异的菜肴，例如酱油能使菜肴形成淡黄色、金黄色或酱红色，咖喱粉能使菜肴呈现淡黄色。

烹和调在菜肴制作中各具功用，但同时它们又是密不可分的，是一个过程中的两个方面。烹调在菜肴制作过程中占有非常重要的地位，是菜肴制作的关键工序，是决定菜肴的色、香、味、形、质、养并形成菜肴多样化的主要因素之一。

二、烹调的起源与发展

烹调对人类文明的发展曾产生过巨大的促进作用。在社会经济和科学技术高度发达的今天，中式烹调已发展为一门具有高度的技术性、艺术性及科学性的技艺。我们只有不断地继承、发展、开拓、创新这一优秀的传统文化，才能将中式烹调技艺推进到新的时代，达到更高的水平。

（一）烹调的起源

1. "烹"起源于对火的利用

我们的祖先在原始社会长期过着"生吞活嚼、茹毛饮血"的生活。《礼记·礼运》篇中"昔者……未有火化，食草木之食，鸟兽之肉，饮其血，茹其毛"描述的就是这种情况。通过长期的生活实践，我们的祖先学会了使用天然发生的火，之后能保留火种，后来又发明了取火的方法，渐渐懂得了熟制食品，学会了利用火来烧煮食物。包括火在内的工具的利用和制造，使人类由生食进入熟食的文明时代，有益于人类大脑和体质的进化，最终把人类同其他动物区分开来。

2. "调"起源于对盐的利用

原始人类进入熟食时期后，开始只是把食物烧熟，尝到食物的本味。只知烹不知调，饮食是单调的。后来，当生活在海滨的原始人类，把沾上盐粒的食物烧熟食用时，感觉到滋味特别鲜美。经过长期的生活实践，人类渐渐懂得了盐具有增加食物鲜美度的作用，于是便注意研究盐和食物的关系，开始收集盐粒。随着陶器的出现，进而人类又发明了提取食盐的方法。有了盐才有了调味。盐不仅利于食品的储藏加工，而且能促进胃液分泌，增进消化能力，为增强人类的体质提供了新的物质条件。

（二）烹调产生对人类社会的重大意义

烹调始于文明

（1）彻底改变了人类茹毛饮血的生活方式。

（2）烹调的应用可以杀菌消毒、改善营养，为人类体力和智力的进化发展创造了有利的条件。

（3）烹调的应用扩大了食物的范围。人类迁向平原、岸边居住，脱离了与兽为伍的环境，生活起居走向文明。

（4）烹调的运用能使食物得以储存。人类逐渐养成了定时饮食的习惯，可以有更多的时间从事劳动生产，从而使生产力得到了发展。

（5）烹调技艺的产生与发展，逐渐提高了人们的生活质量，孕育并形成了灿烂的饮食文化。

（三）中国烹饪的发展进程

中国烹饪经历了数千年的发展，形成了独具特色的烹饪体系，成为中国乃至世界的宝贵文化遗产。中国烹饪有着悠久的历史、灿烂的今日并将拥有辉煌的明天。

1. 萌芽时期

这是指秦朝以前的历史时期，包括新石器时期、夏商周时期、春秋战国时期三个各有特色的发展阶段。

在新石器时期，食物原料多为渔猎所获的水产和猎物，间有驯化的禽兽、采集的草果和试种的五谷；炊具是陶制的器皿；烹调方法是火炙、石燔、水煮、汽蒸；调料主要是盐。夏商周时期，食品原料增加了，出现了"五谷""五菜""五畜""五果""五味"；炊具更新，有了青铜器皿；出现了烘、烤、烧、煮、煨、蒸等烹调方法。在春秋战国时期，食源进一步扩大，家畜、蔬果、五谷广泛应用；炊具出现了铁质器皿；动物性油脂和调料日渐增多。据《吕氏春秋·本味篇》记载，当时人们已经学会了运用火候，掌握了调和滋味的一般原则，提出了菜品菜点在质、色、味、形上的基本要求。

2. 形成时期

这是指汉魏晋南北朝时期。在烹饪原料方面，国外的一些烹饪原料陆续传入我国，如胡瓜、胡豆、菠菜，以及油料、调料；在烹饪用具方面，铁器代替了铜器，并逐步向轻薄小巧的方向发展；在烹调技法方面，已广泛应用油煎法，这对后世影响很大；在烹饪理论方面，《黄帝内经》《齐民要术》等著作都对食疗、原料、食品酿造等方法进行了探讨和论述。

3. 发展时期

这是指隋唐宋元时期。在烹饪原料方面，从西域、印度、南洋引进的品种更多，如丝瓜、莴笋。同时国内食物资源也进一步开发，尤其是海产品用量激增；炊饮器皿向小巧、轻薄、便于使用方向发展；加工工艺开始变得精细，出现了剞刀技术和爆炒技术；菜点品种显著增多，筵席华贵丰盛，工艺菜勃兴，菜肴的外观造型更为世人所重视；餐饮市场繁荣，风味菜点相继问世；在烹饪理论方面，出现了一批颇有价值的菜谱，如《千金要方·食治方》《食疗本草》，特别是《饮膳正要》堪称我国第一部较为系统的营养学专著。

4. 成熟时期

这是指明清时期。因为水运交通和航海技术的发展，烹饪原料得到广泛传播，国外烹饪原料不断涌入我国，如马铃薯、花生，成为中餐烹饪的应用食材。烹调方法也随之发展，已达到100余种。菜点数量和质量都迈上了新的台阶。我国现有的1 000多种历史名菜，多数产生于明、清两代。中式酒宴也进入了大发展的黄金时代，各式"全席"脱颖而出，满汉全席也成为这个时期的中餐代表。明清时期饮食市场已向专业化、集约化发展，同时全国各地的烹饪体系已经形成，各种风味流派蓬勃发展。在烹饪理论方面，以《本草纲目》和《随息居饮食谱》为代表，饮食保健学得到长足的发展，更有《随园食单》和《调鼎集》，被称作中国食经的扛鼎之作。

5. 繁荣时期

这是指中国近代、现代历史时期，中国烹饪进入了一个创新开拓的繁荣时期。

（1）构建了现代烹饪体系　经过近百年的实践发展和理论探索，在传统烹饪基础上，逐步开始建立现代烹饪体系。现代科学的中国烹饪体系以广义的烹饪科学为总目，第一类包括生产消费的原料、原料加工工艺、食品安全、食品营养等学科；第二类包括烹饪与自然科学形成的烹饪化学、烹饪物理、医疗保健等交叉学科，以及与社会科学形成的烹饪历史、烹饪心理、烹饪美学、烹饪文学、烹饪艺术、烹饪语言等交叉学科；第三类包括烹饪研究方法的谱系、比较、分类等学科。

（2）发展了现代烹饪实践　科学技术的进步，给中国烹饪实践发展创造了条件。烹饪原料、设备工具、加工工艺、烹调理念、运营管理等方面，都在继承传统的基础上进行创新改革，从而逐步将传统中国烹饪转变成现代中国烹饪。现代生物工程技术的产生和迅速发展，利用人工杂交、人工诱变等科学技术培育新的植物品种，不但促使产生越来越多的新品种，而且使原有品种的品质得到改良和优化。科技进步对烹饪工具的影响也很明显，如电能、磁能、太阳能、沼气、天然气等能源的利用，促使烹调机械化、标准化、智能化的步伐加快。食品加工制作和手工工具也越来越多地机械化和智能化。在传统的烹饪工艺中，原料粗加工部分的手工工艺已逐渐被机械工艺所替代，部分精加工部分也采用了机械化和智能化生产（尤其在大工厂批量生产中较为明显）。更值得注意的是，越来越多的食品，特别是一些风味名菜、名点，采用了大批量标准化、机械化、自动化的生产方式。

（3）形成了现代风味流派　随着社会的变迁，风味流派从内容到形式上也相应发生了变化。在现代社会中，过去的宫廷和官府风味已变成仿制类型风味；市肆、民间风味得到发展；食疗保健风味也得到了广泛的重视；地方、民族风味空前兴盛。现代中国风味流派主要有以下类型：地方风味、文化风味、中西融合风味、家族风味、美容保健风味、荤食风味、素食风味、仿宫廷或官府风味、红楼风味等。现代中国风味流派与传统风味流派相比较，既有传承，也有创新和发展。新消费主体的产生和旧生产消费主体的消失，使其结构发生了变化，也随之产生了新的格局。

（4）创造了现代饮食文明　烹饪是一门生活科学，能够创造饮食艺术，这一观念已逐渐被全社会所接受和认同。烹调作为一种提高生活质量的技艺，已走进千家万户。文明饮食、科学饮食的现代饮食观念逐渐形成。烹饪受到全社会的重视，从业人员也得到了全社会的尊重。烹饪作为一种文化，承担着与世界各国人民交流的任务，得到全社会的认可。因而，中国烹饪在生产规模的广度和深度、从业人员教育培训的数量及涉及范围、国内外烹饪的交流与技术比赛、各种刊物著述的出版以及有关知识的普及等方面，发展之迅猛、成绩之巨大，都是前所未有的。

中国烹饪处于一个繁荣的全新的时期，是一个由传统烹饪向现代化科学烹饪转变的时期。中式烹调将通过不断的传承、创新和开拓，为中国烹饪走向新的未来开辟出一条康庄大道。

能力培养

中式烹调经过数千年的发展积淀，已经形成专业的理论和实践体系。对烹调的从业人员有着严格的职业要求和操作标准（参见附录1）。请同学们结合现代中式烹调的发展进程，讲一讲在你心目中，中华美食的文化精髓是什么，中式烹调的技艺瑰宝又是什么，你打算如何学习这门课程。

活动要求：1.提前查找资料，提倡做成幻灯片进行讲演。

2.每人的讲演都要涉及以上3个方面。

3.提倡用多种形式，如漫画、表演等辅助你的讲演。

 知识链接

文明烹饪——拒绝烹调野生动物

据流行病学分析，冠状病毒的原生宿主与野生动物有直接关联，滥食野生动物对于病毒向人类传播构成隐患。作为烹调师，我们要始终注重食品营养安全知识和食品法律法规的学习，拒绝烹饪和滥食野生动物，时刻维护生态平衡环境；遵守《野生动物保护法》和《食品安全法》中禁止生产、经营和使用国家重点保护野生动物及其制品制作食品的法律法规；选择无毒无害、营养环保的食材进行烹调，坚决不使用对身体有害的原料及违法原料，做到文明烹饪、科学烹饪、环保烹饪。

项 目 测 试

一、填空题

1.烹就是加热，是指运用各种加热手段，使烹饪原料由生到熟并形成具有标准的色泽、形态和＿＿＿＿＿＿的菜肴的过程。

2. 调就是调和，是指运用各类烹饪_____和_____，使菜肴形成标准的_____、_____和_____的过程。

3. 调的作用是消除原料异味、赋予菜肴美味、确定菜肴_____、增进菜肴美观。

4. 烹起源于_____的利用，调起源于_____的利用。

5. 中国烹饪的发展进程包括萌芽时期、形成时期、发展时期、_____时期和繁荣时期。

二、简答题

1. 烹调的产生对人类的进步有何重大意义？

2. 请简述中国烹饪的发展进程。

3. 作为一名现代烹饪的专业烹调师，你如何理解烹和调的作用？

项目1.2 中式菜肴的特点与风味流派

学习目标

知识目标：1. 理解中式菜肴的特点。

2. 掌握中式菜肴的地域饮食结构。

技能目标：1. 能概述中式菜肴的特点优势。

2. 会划分中式菜肴的风味流派。

素养目标：注重中国烹饪文化内涵的传承和发扬。

一、中式菜肴的特点

中式烹调技艺经过长期的继承发展和开拓创新，融汇了国内外灿烂的餐饮文化，集中了各民族烹调技艺之精华，使中式菜肴形成了民族风格特点和地域物产特色，尽显独特技术风格。

（一）选料精细讲究

中式烹调在原料的选择上非常精细、讲究；质量上逢季烹鲜，力求鲜活；规格上，每一道菜肴对原料都有规范的标准。对原料生长的环境、季节影响等因素，都有着严格的参照要求。有些菜肴甚至只能选择原料的某一部位或某一地区所产的特色原料。如制作"糖醋里脊"必须选用里脊肉作为菜肴的主料；"北京烤鸭"必须选用北京填鸭；"清蒸鱼"必须选用产自优良水域中且鲜活的鱼；川菜中的"麻婆豆腐""家常海参"必须选用四川郫县豆瓣和调料制作，才能彰显菜肴的风味特色。

（二）刀工技法精湛

刀工是中式烹调的基本功项目之一，是检验菜肴制作过程的重要标准。刀工质量直接决定菜肴的形态和质感。在加工原料时形状大小、粗细、厚薄要均匀，以保证原料受热和成熟度一致。我国历代烹调师经过长期实践总结，创造了"片（又称批）、切、剞、剁"等刀工技法。这些刀工技法能根据烹饪原料的特点和菜肴的烹调要求，将原料加工成丝、片、条、块、段、粒、末、茸（蓉）等。在中式菜肴中，由于烹调方法变化多样，即使形状相同，在刀工标准上也都有着严格的划分要求。如肉丝按照粗细又可分为头粗丝、二粗丝和三粗丝；同样是片，又分为象眼形、柳叶形、菱形和月牙形等。而且，烹调技术受中式传统文化及美学的影响，烹调师常会把原料加工成麦穗形块、荔枝形块、蓑衣形块、凤尾形块等形状，展示花式刀法，并能巧妙地利用原料的质地特点，将原料雕镂成花、鸟、鱼、虫等形态。精湛的刀工不仅便于烹调和食用，而且充分展示了中式烹调的技艺与文化内涵。

（三）配料搭配巧妙

中式烹调注重烹饪原料在形状、质地、色泽、口味、营养方面的合理搭配。不仅注重主料的选择，而且注重配料（又称辅料）的搭配。主、配料之间也讲究形状、色彩、质地、营养等方面的搭配。除此之外，中式烹调还特别擅长用多种原料拼制平面、立体的花色拼盘（造型艺术拼盘、象形拼盘），让菜肴在食用价值基础上，增添了艺术气息，真正做到"秀色可餐"。

（四）烹调技法多样

中式菜肴的烹调方法丰富多彩、精细巧妙，有数十种常用的热菜烹调方法，如炸、熘、爆、炒、烹、蒸、焖、炖、煎、烤、烧；还有十余种常用的冷菜烹调方法，如拌、炝、腌、熏、冻、煮、卤、醉。每种烹调方法又可以根据流程特点分为若干形式分支，如炸类烹调方法又分为干炸、软炸、酥炸、卷包炸等。每种烹调方法的菜肴在口味、形态和色泽上都有着独特的标准。

（五）菜品种类繁多

我国幅员辽阔，各地的地理环境、自然气候、物产及人民的生活习惯都不尽相同，因此各地区、各民族的菜肴风格都极具特色。长期以来，劳动人民利用各种地方特产和饮食习惯，创造出了具有地方特色的菜系和菜品。随着中国市场经济的发展壮大，地方菜品也在各地传承和交融创新，并登上国际餐饮舞台。目前我国菜肴风味流派有二十多种，中国各式风味名菜有七千余种，花色菜肴品种更是在万种以上，这是世界上其他国家餐饮所无法比拟和超越的。

（六）味型富有特色

中式菜肴的味型与我国的地域特点和风土人情有着直接关系。为适应居住地的气候环境而形成了固有的调味特点，如我国寒湿地区的麻、辣、咸、香，燥热地区的清、淡、雅、鲜。在中式菜肴中还存在着味型转换，人们根据喜好可进行多重选择，如咸鲜口味、酸甜口味、香辣口味。在我国四川菜系中就有着"一菜一格，百菜百味"之说，其鱼香口味、椒麻口味、家常口味、怪味口味等构成了菜系独有的味型特色。

（七）灵活运用火候

在烹调菜肴时，火力大小、加热时间和温度高低是判定火候标准的三要素。中式烹调过程中特别注重火候的变化，有旺火速成的菜肴，有微火长时间加热的菜肴；也有旺火与微火兼用的菜肴。烹调师会根据烹饪原料的性质和菜肴特色而调整火力标准，灵活设定加热时间和加热温度，以确保菜肴质量。

（八）注重美食美器

中式菜肴注重色、香、味、形、质、养，也注重文化传播与映衬，其中最典型的"媒介"就是盛器，注重美食美器。不同的菜肴形态，以及不同的菜系和地域都有着各异的器皿和盛装要求。中餐盛器品种多样、外形美观、质地精良。精美的盛器，衬托着菜肴的色、香、味、形、质，犹如红花绿叶，相得益彰。美食美器的完美统一，充分显露了我国饮食文化的博大精深。

（九）注重食疗保健

中式菜肴注重药食同源，在原料搭配上讲究食疗结合。每一种入膳原料，都具有不同的性、味、归经，对人体有着食疗保健作用。如粤菜中的煲汤，根据食用人群的个人体质而选择汤品，就是遵循着食疗结合的原理。在中式烹调过程中，按照药膳机理搭配烹饪原料，形成特色药膳功能，对提高人们的营养保健和科学饮食意识具有十分重要的意义。

（十）中西工艺交融

改革开放以来，大批新鲜特有的西餐原料和烹调设备及工具走进中国。中式烹调技艺在传承中华民族优秀饮食文化的同时，也在不断融合创新。其主要体现在西方烹调原料的应用，西餐调料在中式菜肴中的添加，形成中西味型式菜肴，烹调设备使用和烹调流程上的革新，菜肴盛装形式上的融入等方面。

例如我国沿海城市的菜肴，在保持民族特色的基础上，也在向国际化道路方向发展。进入新时代，一个更具活力、和谐与包容的中国，正在以崭新的姿态屹立于世人面前，中式菜肴也将向科学化、标准化、国际化的方向继续前行。

二、中式菜肴的风味流派

我国是一个幅员辽阔、历史悠久的多民族国家，由于民族信仰、风俗习惯、地理气候和物品产出等不同，各地区人民群众的饮食习惯有很大不同，因而发展出了多种具地方风味特色的菜肴流派，我们按照地域划分成"菜系"。清代初期时，鲁菜、苏菜、粤菜、川菜，成为当时最有影响的地方流派，被称作"四大菜系"。到清末时，浙菜、闽菜、湘菜、徽菜四大新地方菜系分化形成，共同构成中华民族饮食文化中的"八大菜系"。

古代烹调名师

随着历史的不断变迁，这些菜系在固定区域形成一股烹饪潮流，他们烹调的菜肴风味表现出鲜明的一致性。这种烹调个性相近、风格相近的集合体，我们按区域称之为风味流派或烹饪菜系。

（一）地方风味菜

1. 山东风味菜

山东风味菜简称鲁菜，主要由济南风味、胶东风味和济宁风味构成。起源于山东的齐鲁风味，对北京、天津、华北和东北地区烹调技术影响很大。山东风味菜的制作工艺融入了儒家文化思想，主要具有以下特点：

（1）用料广泛、刀工精细　山东风味菜选料讲究，用料广泛，上至山珍海味，下至瓜果蔬菜、畜肉内脏等一般原料，都能制成脍炙人口的美味佳肴。山东风味菜刀工处理变化多端，能根据原料特色和烹调要求进行适当变化，烹制出形态各异的特色菜肴。另外，山东风味菜肴受儒家学派"食不厌精、脍不厌细"的思想浸润和精神追求影响，终成鲁菜系的洋洋大观。

（2）精于制汤、注重用汤　山东风味菜注重用汤调味，且精于制汤。色清鲜者为清汤，白醇者为奶汤。在制汤的选料上也十分讲究，常选择新鲜动物的肉、骨熬制，如鸡、鸭、海鲜、猪肘。

（3）技法全面、讲究火候　山东风味菜采用的烹调方法多种多样，其中主要方法在 30 种以上，如爆、炒、烧、炸、蒸、扒，被世人所称道。仅就爆的方法而言，又可分为若干种，如油爆、汤爆、葱爆、芫爆、酱爆。山东风味菜烹调之道，如火中取宝，不及则生，稍过则老，争之于俄顷，失之于须臾，注重火候的掌握与运用，而且要求严格、技艺精湛。

（4）咸鲜为主、善用葱香　山东风味菜调味讲究醇正，以盐提鲜突出咸鲜口味，以其他口味为辅。葱为山东特产之一，用葱调味是其特长，无论爆、炒、扒、烧，都借助葱提香，形成浓郁的地方特色。

（5）丰满实惠、雅俗皆宜　山东民风热情好客，无论大宴小酌、市肆民间，均注重菜肴丰满形态。所以在很多影视故事中，都用大碗喝酒、大块食肉的场面来烘托山东好汉的豪迈场面。在如今的筵席上，也是以大菜、热菜为主，突出经济实惠。另外，山东风味菜肴文化底蕴丰厚，具有精湛的烹饪技艺、独特的风格，是中国最典型的官府菜之一。山东风味菜坚持以孔子"食不厌精，脍不厌细"的儒家思想而精工细做，器皿精致，由此也成为中国饮食经历年代最久、文化品位最高的食馔体系。

山东风味菜的代表有"葱烧海参""油爆双脆""锅烧肘子""清蒸燕菜""奶汤蒲菜""烩乌鱼蛋""糖醋黄河鲤鱼""九转大肠""油爆海螺""油焖大虾""清蒸加吉鱼"等。

2. 四川风味菜

四川风味菜简称川菜，主要由成都风味、重庆风味和自贡风味构成。川菜起源于古代蜀国，两宋时期，形成独立的菜系，直至民国时期，最终形成"一菜一格，百菜百味""清鲜醇浓，麻辣辛香"的菜系特色，至今广为流传。四川风味菜主要具有以下特点：

（1）调味多样 四川风味菜味型十分丰富，有麻辣、鱼香、红油、豆瓣、怪味等风味类型。川菜的调味以家中常备调味料为基调，很多调味料都由自家制作完成，融会了多种味型和多种变化的调味形式，最终形成了"一菜一格、百菜百味"的特色风格。

（2）选料广泛 四川号称天府之国，物产极为丰富。四川风味菜就是以此为基础形成和发展起来的。四川自然环境优越，江河纵横、沃野千里，提供了丰厚的烹饪原料储备。从动物性原料到植物性原料都能作为烹饪的精品食材。如四川的郫县豆瓣、新繁泡菜、潼川豆豉、简阳辣椒、汉源花椒都是烹饪的精品食材。

（3）方法多样 四川风味菜常用的烹调方法达数十种，其中以干煸干烧、小煎小炒最具地方特色。尤其是小炒，急火短炒，不过油（卧油煸炒）、不换锅，一锅成菜，敏捷泼辣。

（4）博采众长 四川风味菜善于将其他风味菜的优点融为己有，如宫廷菜、官府菜、寺院菜、少数民族风味菜，均被四川风味菜所借鉴而创制出了名菜。如四川风味菜在吸取山东风味菜制汤调味的优点后，形成其注重用汤、色调自然的特点。

四川风味菜的代表有"樟茶鸭子""开水白菜""鱼香肉丝""麻婆豆腐""水煮牛肉""毛肚火锅""干煸牛肉丝""干烧岩鲤""川府豆花""家常海参""回锅肉"等。

3. 广东风味菜

广东风味菜简称粤菜，由广州风味、潮州风味、东江风味和港式粤菜风味构成。广东风味菜的主要特点是：

（1）用料广博 广东特殊的地理环境和风俗习惯，使得广东风味菜的原料广博多样，以饲养的生猛海鲜等原料为特色。在调料方面，除了一些常用调料外，广州风味菜还有其特有的制作调味料原料和工艺，如柱侯酱、沙茶酱、鱼露、蚝油、姜汁酒。

（2）方法独特 广东风味菜受国外餐饮影响，有着独特的烹调方法，如焗、煲、叉烧，形成了广东风味菜的特色。

（3）兼容并蓄 广东风味菜在其发展形成过程中，吸取和借鉴了国内外的科学饮食和烹调方法，灵活变化、融会贯通，使广东风味菜适应了不同地域和人群的饮食需求，开拓了广东风味菜的发展空间。

（4）口味清鲜　广东风味菜调味手段突出原料的清鲜，质感讲究滑爽脆嫩。在饮食结构上，广东风味菜注重季节饮食变化，夏秋季清淡、消暑、清火，冬春季浓郁、滋身进补。

广东风味菜的代表有"蚝油牛肉""大良炒鲜奶""白云猪手""脆皮鸡""脆皮乳猪""东江盐焗鸡""广式烧鹅""潮州卤味"等。

4. 江苏风味菜

江苏风味菜简称苏菜，由淮扬风味、金陵风味、苏锡风味和徐海风味构成。江苏风味菜的主要特点是：

（1）用料讲究、四季有别　江苏风味菜选料严谨，制作精细，在原料选择的同时会因材施料、物尽其用。随季节变化，江苏风味菜有清、腻、淡、浓的不同，尽显苏菜风味特色。

（2）刀工精细、刀法多变　江苏风味菜讲究刀工成形，在原料切配过程中，能根据原料质地的差异，运用相应刀法处理，形成刀法多样、精妙细致的菜肴特色。

（3）重视火候、讲究火功　江苏风味菜在烹调方法上以炖、焖、蒸、烧、炒见长，同时重视煨、叉烧等。这些烹调方法都体现了火候火功的精妙，如"扬州三头""苏州三鸡""金陵三叉"。

（4）口味清新、咸中微甜　江苏风味菜在调味时会突出原料自有的鲜，运用调和手段突出"清"，保持原料本味，清新淡雅，浓而不腻、淡而不薄，形成了江苏风味菜的基本格调。

江苏风味菜的代表有"松鼠鳜鱼""清炖蟹粉狮子头""梁溪脆鳝""大煮干丝""镜箱豆腐""三套鸭""清蒸鲥鱼""扒烧整猪头""拆烩鲢鱼头""金陵盐水鸭"等。

（二）民族风味菜

1. 蒙古族风味菜

蒙古族风味菜因其特殊的地理环境和民族习惯，在菜肴风味和制作流程中，具有典型的民族特点：

（1）以牛、羊肉类及乳类为主要原料，辅以面、茶、酒等制作红食（肉制品）、白食（奶制品）。

（2）烹调方法以烤、煮、烧最为常见，加工和烹调过程具有民族特色。

（3）味型以咸鲜为主，辅以糊辣、奶香、烟香、酸甜等特点。

（4）菜肴形态以大块为主，体现出粗犷豪放的民族特色，如"手把羊肉""烤全羊"。

2. 维吾尔族风味菜

维吾尔族风味菜主要集中在新疆一带，在调味和食材选择上具有地域和民族特色：

（1）取料精细，地产食材原料丰富。

（2）烹调方法以烤、煮、炸为主。

（3）口味以咸鲜为主，常用辛辣的孜然调味，极具地方味型特色。

（4）常以地方瓜果佐食，代表菜肴有"烤羊肉串""大盘鸡""手抓饭""烤疙瘩羊肉""羊肉丸子"等。

3. 朝鲜族风味菜

朝鲜族风味菜集中在我国北方地区，兼受朝鲜和韩国影响，具有独特的民族特色，并且具有一定的流行趋势。其主要特点是：

（1）菜肴具有四季变化和采用地域原料的特点，如"朝鲜冷面""朝鲜族大酱汤""桔梗泡菜"。

（2）烹调工艺流程较简单，热菜常以炖、煎、炒为主，冷菜烹调方法多为泡、腌、拌。

（3）调味以咸、辣为主，佐以香、酸、甜。辣味多出自北方地产的辣椒晾干后制粉。辅佐的香，多出自地产的野生紫苏和自制酱料。

（4）烹调时少油清爽，注重滋补养生，如"朝鲜族脊骨汤""朝鲜族泡菜""烤牛肉"。

（三）宗教风味菜

1. 中国素菜

中国素菜起源于我国先秦时期，是以粮豆蔬果为主体的膳食传统。汉魏时期，这一膳食传统逐步与佛教、道教的教义教规相结合，由寺观向民间发展，最终形成富有特色的中餐素菜。中餐素菜由清素的寺观素菜、宫廷素菜、花素的民间素菜构成。主要具有以下特点：禁用动物性原料和辛香类菜蔬，刀工精细善于仿形，烹调技法和口味特点具有地方性。素菜突出原料清香，具有食疗的特质，被称为养生佳品。其代表菜有："炒蟹粉""素火腿""鼎湖上素""半月沉江""金针黄花""魔芋豆腐""清炒白果"等。

2. 中国清真菜

中国清真菜起源于唐代，发展于宋元时代，成形于明清时代，到了近代已经形成完整的体系。中国清真菜与伊斯兰教各国的菜品有很多相似之处，但又具备中国烹饪的特有属性，所以称为中国清真菜。中国清真菜按照地域聚集地可以划分为三个分支：西路包含银川、乌鲁木齐、兰州、西安等西北城市；北路包含北京、天津、济南、沈阳等北方城市；南路包含南京、武汉、重庆、广州等南方城市。其主要特点是：选择原料恪守伊斯兰教的教规，禁血生，即在宰杀家禽时要放尽余血，否则不食；禁外荤，即不食猪肉；水产品忌食无鳞或无鳃的鱼、带壳的软体动物及蟹等；在选择羊肉时，用绵羊肉，不用山羊肉。我国南方城市习惯用鸡、鸭、蔬、果，北方和西北城市习惯用牛、羊、粮、豆；擅长煎、炸、爆、熘、煨、煮、烤，以追求原料本味为主，突出清鲜脆嫩和肥浓香醇，注重味型和配色。中国清真菜的代表菜有："葱爆羊肉""清水爆肚""黄焖牛肉""涮羊肉"等。

（四）家族风味菜

1. 孔府菜

孔府菜起源于宋代，延续至今已有九百余年历史，是孔子嫡系后裔家常菜品和宴会菜品的统称。其主要特点是：选料名贵、调理精细；技术全面、菜品高雅；盛器华美、筵席壮观；具有浓郁的文化色彩，注重寓乐于食、寓教于食。烹调工艺属于山东风味菜系，但具有鲜明的官府气息。孔府菜严格遵守儒家"食不厌精、脍不厌细"的文化思想，强调品味、愉情和摄生。其代表菜有"孔府一品锅""诗礼银杏""合家平安""八仙过海闹罗汉""琥珀莲子""神仙鸭子""玉带虾仁""鸾凤同巢""带子上朝""御笔猴头"等。

2. 谭家菜

谭家菜起源于清末，为同治年间翰林谭宗浚之家宴。其特点是：选料严、下料重，多用烧、焖、烩、蒸、扒、煎、烤等烹调方法，注重火候应用；擅长调理海鲜，尤以燕窝、鱼翅为最；甜咸适口、南北皆宜、质感软烂、易于消化；家常风味浓郁，但筵席档次甚高。

其代表菜有"黄焖鱼翅""蚝油鱼肚""罗汉大虾""裙边三鲜""草菇蒸鸡""砂锅鱼唇""红烧鲍鱼""葵花鸭子""人参雪蛤"等。

能力培养

选择绘画、讲述、写作等多种形式，描述一两种你最喜欢的本地美食及其制作工艺。收集菜肴案例和烹饪文化资料，可借助书籍、网络等资源。

活动要求：1. 讲述时间为每种美食5分钟。

2. 认真听别的同学的讲述，做到安静倾听。

3. 展现形式要充分发挥学生个人特长。

项 目 测 试

一、填空题

1. 中式菜肴"四大菜系"有 _____、_____、_____、_____。

2. 四川风味菜简称川菜，主要由 _____、_____ 和 _____ 构成。

3. 江苏风味菜简称苏菜，主要由 _____、_____、_____ 和 _____ 构成。

4. 广东风味菜的主要制作特点是：_____、_____、_____、_____。

5. 山东风味菜的主要制作特点是：_____、_____、_____、_____、_____。

二、判断题

1. 孔府菜严格遵守儒家"食不厌精、脍不厌细"的膳食指导思想，其强调品味、愉情和摄生。（   ）

2. 谭家菜是典型的家常大众菜肴。（   ）

三、简答题

1. 简述中式菜肴的特点。

2. 简述中式菜肴四大菜系的构成和特点。

16

单元 2　烹饪原料加工

烹调师，是我们今后工作的职业。厨房，是我们今后工作的场所。烹饪食材，是我们展示技艺的原料。成为一名优秀的烹调师，首先要在职业素养上做好充足的准备，履行勤俭节约、讲究卫生的厨房岗位工作职责，从初步加工烹饪原料开始，探索学习中式烹调技艺。

本单元的主要内容有：（1）鲜活原料的初步加工；（2）出肉加工及整料去骨；（3）干货原料的涨发。

项目 2.1　鲜活原料的初步加工

> **学习目标**
>
> 知识目标：1. 理解烹饪原料初步加工的方法和原则。
> 　　　　　2. 理解烹饪原料初步加工的基本要求。
> 技能目标：1. 会对烹饪原料进行初步加工。
> 　　　　　2. 能叙述特殊原料的加工方法及流程。
> 素养目标：注重培养学生勤俭节约、遵纪守法的工作意识。

一、新鲜蔬菜的初步加工

新鲜蔬菜是人们日常饮食中不可缺少的一类烹饪原料。它使用广泛，既可作为菜肴主料单独制作菜品，也可作为配料来调剂菜肴色、香、味、形等。因为新鲜蔬菜的品种繁多，每种蔬菜供人们可食用的部位不完全相同，加工方法各异，所以新鲜蔬菜的初步加工，应视烹调菜肴的具体要求，遵循鲜活烹饪原料初步加工的原则，合理地进行。

（一）新鲜蔬菜初步加工的基本要求

1. 应熟悉新鲜蔬菜的基本特性

新鲜蔬菜因可食用的部位不同而质地各异，在加工新鲜蔬菜时应熟悉其质地，做到合理加工，从而获取净料，以备下一道工序使用。

2. 应视烹调和食用的要求，合理择取原料进行加工

在加工新鲜蔬菜时应根据烹调菜肴的要求，选取不同部位，使之符合成品菜肴的需求。如大白菜的叶、帮、菜心均可食用，应根据菜肴烹调的要求进行选择。制作"开水白菜"时应选用白菜心；用以制馅时应选取白菜的帮和叶。此外，蔬菜的枯黄叶、老叶、老根以及不可食用的部分必须清除干净，以确保菜肴的色、香、味、形不受影响。

3. 应讲究清洁卫生，减少营养成分的流失

新鲜蔬菜一般都夹杂着污物、杂质及虫卵等，应采取合理的初步加工方法予以去除，将其冲洗干净，以确保原料符合食品卫生的要求。新鲜蔬菜在加工时宜先洗后切，并尽量减少蔬菜浸泡的时间。先洗后切，旨在防止新鲜蔬菜在刀口处流失过多的营养成分，也防止细菌污物的侵入。

（二）新鲜蔬菜初步加工的方法

因新鲜蔬菜的原料品种、产地、上市期、食用部位和食用方法不同，故初步加工方法各异。

1. 根茎类蔬菜初步加工的方法

一般初步加工步骤是：去除原料表面杂质→清洗→刮剥去表皮、污斑→洗涤→浸泡→沥水。

根茎类蔬菜原料一般先去除杂质、污物，清洗后去其表皮（壳、头尾、根须）。如茭白、马铃薯、莴笋、姜、蒜，均带有表皮或毛壳，应先将毛壳去掉、削去根须，再用刮皮刀削去表皮，然后置于容器中用冷水洗净并浸泡（时间不宜过长）。

大多数根茎类蔬菜均含有多酚类氧化酶，初步加工去表皮后的原料，应注意避免与铁器接触，或长时间裸露在空气中，以免原料氧化产生褐变现象。如马铃薯、莴笋、荸荠，在去皮后应立即置于冷水中浸泡，或去皮洗净后立即进行下一道工序的操作，以防原料变为锈斑色。

2. 叶菜类蔬菜初步加工的方法

一般初步加工步骤是：择剔→浸泡→洗涤→沥水→理顺。

（1）择剔　在加工叶菜类蔬菜时，应将枯黄老叶、老根、杂物等不可食用的部分摘除，并清除泥沙、污物。留取可食部分并理顺，以备下一工序的加工处理。

（2）浸泡、洗涤　叶菜类蔬菜一般都采用冷水洗涤，也可根据具体情况而采用盐水或高锰酸钾溶液洗涤。

① 用冷水洗涤　将经过择剔整理的蔬菜放入冷水中稍浸泡，洗去叶面上的泥土等污物，再反复洗干净，沥水理顺即可。

② 用盐水洗涤　这种方法适用于叶面上附着虫卵的叶菜类蔬菜。因为叶菜类蔬菜（特别是在秋季上市的）叶面、菜梗和叶片间的虫卵较多，一般用冷水很难清洗干净，放入适当温度的盐水中浸泡后，可使虫卵的吸盘收缩脱落，便于清洗干净。洗涤方法是将择剔后的叶菜类蔬菜先放入 20 g/L 的盐水中浸泡 4~5 min（时间不宜过长，以防营养成分损失），再用冷水反复清洗，沥水理顺。

③ 用高锰酸钾溶液洗涤　这种方法适用于直接食用的叶菜类蔬菜，可杀菌消毒、确保原料的卫生要求。将择剔好的叶菜类蔬菜，置于 3 g/L 的高锰酸钾溶液中浸泡 4~5 min，然后再用冷水洗净，沥水理顺。

用高锰酸钾溶液洗涤演示

此外，还可加食品洗涤溶剂进行清洗。无论选择何种洗涤方法，均要达到清洁的目的。

3. 花菜类蔬菜初步加工的方法

一般初步加工步骤是：去蒂及花柄（茎）→清洗→沥水。

（1）去蒂及花柄　将花菜类蔬菜去蒂及花柄，留花朵（其大小视成菜要求而定）。

（2）清洗　将花朵用冷水洗净即可。

除传统烹调用花菜类蔬菜外，近年来花卉入馔已经成为新的饮食时尚。此类烹饪原料最大的特点是清香质嫩、色泽美观且易于人体消化吸收。其加工方法与一般花菜类蔬菜的初步加工方法相同。

4. 瓜类蔬菜初步加工的方法

一般初步加工步骤是：去除原料表面杂质→清洗→去表皮、污斑→洗涤→去籽瓤→清洗。

瓜类蔬菜应根据烹调菜肴的需求进行加工。一般先去除其表面的杂质、污物，再清洗后去其不用部分（头尾、根须），然后剖开去除籽部，清洗备用。若选用瓜类蔬菜制作盛器（如西瓜盅、冬瓜盅）时，则原料在清洗后可不去表皮，直接进行表皮雕刻，然后去除籽。

5. 茄果类蔬菜初步加工的方法

一般初步加工步骤是：去除原料表面杂质→清洗→去蒂及表皮或籽瓤→洗涤。

茄果类蔬菜初步加工一般先去除其表面的杂质，清洗后去其表皮或籽（如辣椒），洗净备用。若选用番茄制作凉菜时，可先用清水洗净并去蒂，再用沸水略烫，入冷水中浸凉，剥去外皮即可。

6. 豆类蔬菜初步加工的方法

（1）荚果均食用的豆类蔬菜（如荷兰豆、扁豆）的初步加工步骤是：去蒂和顶尖→去筋→清洗沥水。

（2）食其种子的豆类蔬菜（如豌豆）的初步加工步骤是：剥去外壳→取出籽粒→清洗沥水。

二、水产品的初步加工

水产品是制作菜肴常用的烹饪原料，其种类很多，含有丰富的蛋白质、脂肪、无机盐和维生素等营养成分，是人们不可缺少的食物。由于水产品的种类、性质各异，因此，初步加工的方法也较为复杂。

（一）水产品初步加工的基本要求

水产品在切配、烹调之前，一般都须经过宰杀、刮鳞、去鳃、去内脏、洗涤等加工过程。但这些过程还必须根据其品种的不同和具体的用途而定。

1. 熟悉原料组织结构

水产品的品种繁多，形状、品质各异，烹调师应熟悉其组织结构，以便加工整理。此外，还要根据原料的不同用途和成菜质量要求，合理地进行加工。如大多数的鱼都要进行刮鳞处理，但新鲜鲥鱼体表的鳞片，含有一定量的脂肪，加热熔化后可增加鱼的鲜美滋味，鳞片柔软且可食用，故不需要进行刮鳞处理。在加工虾时，也应根据菜肴的要求进行不同的处理：如制作"凤尾虾"时，去头（另作他用），去壳，留虾尾（留取1~2节尾壳，便于造型），去虾线；制作"油焖大虾"时，要剪去虾枪、虾须、虾爪，去头部的沙袋。因烹制菜肴品种的不同，鳝鱼的加工可选取生杀或熟（煮）杀的处理方法。

2. 去除污秽杂质以免食物中毒

水产品在进行初步加工时，应按照卫生要求，保证加工原料的卫生质量，注意除尽污秽杂质。对于鱼鳞、内脏、鱼鳃、硬壳、沙粒、黏液等杂物，必须去净。特别要去除水产品的腥臭异味，以保证菜肴的质量不受影响。尤其是直接生食（不需加热）的海鲜原料，加工时应避免交叉污染。另外，甲鱼、河蟹、鳝鱼死后应禁止食用，以免发生食物中毒（因甲鱼、河蟹、鳝鱼死后其内脏极易腐败变质，肉中的组胺酸转变为有毒的组胺，对人体有害）。

3. 合理使用原料以免浪费

水产品在进行初步加工时，应按用途和成菜的要求，合理地使用原料的各个部位，避免浪费。作为烹调师，应了解菜肴加工制作的过程及标准，以便根据菜肴的需求，择取、加工、整理烹饪原料。要因材施技、量材而用。如鲢鱼头也可入馔，不应废弃，可用于制作"砂锅鱼头"。制作"红烧鱼尾"时，可选用青鱼的尾巴。形体较大的鱼可充分利用其中段出肉，加工成片、条、丝、茸、花块等。总之，在水产品的初步加工时，要充分合理地使用原料的各个可食用部位，开发新的菜肴品种，避免浪费，降低损耗。

（二）水产品初步加工的方法及实例

1. 水产品初步加工的方法

由于水产品的种类很多，形状、性质、用途不同，因此加工的方法各异。下面介绍四种常见常用水产品的初步加工方法。

（1）鱼类的初步加工　鱼类的加工步骤是：宰杀→刮鳞（或不刮鳞）→去鳃→修整鱼鳍→开膛（或不开膛）去内脏→清洗→沥水待用。

宰杀　一般采用的是摔的方法，将鱼摔晕后再进行下一工序的操作。

刮鳞　一般鱼体鳞片没有食用价值，所以在初步加工时，应选用刮鳞器或竹片，将鱼体表面（特别应注意鱼头及腹部）的鳞片刮净，以便下一工序的操作。

去鳃　鱼鳃质地较硬，且夹带大量污物，故无食用价值，应予以清除。一般采用剪刀顺沿鱼鳃两侧剪除即可。

修整鱼鳍　为使菜肴成品外形美观，根据烹调的需求，应用剪刀修整鱼的胸鳍、腹鳍、背鳍、尾鳍。

开膛（或不开膛）去内脏　其加工方法应根据鱼的品种、大小和烹调成菜的要求而定。一般可分为两种：一种是将鱼的腹部用刀划开取出内脏，再去净腹内脏器即可。此法主要适用于形体较大和出肉用鱼类的初步加工。另一种是从鱼的口腔中将内脏取出，方法是先在鱼的腹与肛门之间剖开一刀口，将鱼肠割断（注意不要将鱼胆划破），然后用两根筷子由口腔插入，夹住鱼鳃用力搅动，顺势将鱼鳃和脏器一同搅出。此法主要适用于形体较小且需保持完整鱼形的菜肴。

鱼类的初步加工演示

清洗　开膛后鱼的腹腔血污较多，且一般池塘人工饲养的鱼类腹腔内附着的一层黑膜有较重的腥味，应将其清除干净，并用冷水洗净腹腔，以备下一工序的使用。

（2）虾类的初步加工　用剪刀剪去额剑、触角、步足，挑出头部的沙袋和脊背的虾线，然后洗净即可。也可根据制作菜肴的要求，将虾壳全部剥去，留取虾肉；或将虾壳（皮）去除，留取虾尾。

（3）蟹类的初步加工　蟹类初步加工方法一般是将附着在其体表及螯足（毛钳）上的绒毛和残留污物，用软毛刷刷洗干净即可，以便根据烹调需求进行下一工序的操作。

（4）贝类的初步加工　贝类（如扇贝、蛏子、鲍鱼、蛤蜊）初步加工的一般步骤是：用冷水（或淡盐水）静养（旨在去除污泥）→置于水中（或用沸水煮至壳张开）→剥壳→割断闭壳肌→取肉→去除污物（沙砾、筋膜、内脏）→清洗→浸泡。

2. 水产品初步加工（宰杀）实例

（1）鳝鱼的初步加工（宰杀）方法　应根据制作菜肴的要求及用途而定。

生杀（生出骨）　先将鳝鱼摔昏，在颈骨处开一刀口，放出血液，再把鳝鱼的头部置于木板上，用小钉钉住，用刀尖顺沿脊背（紧贴脊骨）从头至尾划开，将脊骨剔出，去其头尾、内脏，洗净后改刀即可。

熟杀（熟出骨）　将沸水锅置于灶口上加热，加入适量的盐、醋、料酒、葱段、姜片（加盐的目的是使肉中的蛋白质凝固，便于"划鳝"；加醋、料酒、葱段、姜片，则是去其腥味），再将活鳝鱼放入沸水锅中，迅速盖上锅盖。加热至鱼嘴张开时，捞出鳝鱼放入冷水中浸凉，洗去黏液。然后从鳝鱼的头部用刀尖，顺沿脊骨从头至尾划开，出骨留肉即可。

（2）甲鱼的初步加工方法　一种宰杀的方法是将甲鱼放在砧板上，用左手握紧颈部，然后用刀割断血管和气管，放尽血即可。另一种方法是将甲鱼腹部向上，放在砧板上，待其伸出头时将头剁下，放尽血即可。

三、家禽、家畜的初步加工

家禽、家畜为重要的烹饪原料，因其组织结构复杂，初步加工比较烦琐。初步加工处理的方法是否得当会直接影响菜肴成品的质量。

（一）家禽初步加工的基本要求

1. 宰杀家禽时，血管、气管必须割断，血要放尽

宰杀家禽时，割断其血管、气管，旨在将家禽杀死，让血液迅速流尽，以便下一工序的操作。若没将其血管、气管割断，家禽不会立即死亡。血液流不尽，则会导致禽肉色泽发红，进而降低烹饪原料的质量，影响成菜的效果。

2. 煺毛时应调控好水的温度和烫泡的时间

家禽煺毛时，应根据家禽的品种、老嫩和季节的变化来合理调控水的温度和烫泡的时间。一般情况下，质老的家禽浸烫的时间应略长一些，水温也高一些；反之，时间可略短一些，水温也可低一些。在冬季浸烫家禽时，水温应高一些；夏季水温则低一些；春秋两季水温和时间要适中。另外，根据家禽品种的不同，浸烫的时间及水的温度要有所变化，鸡的肉质比鸭、鹅的肉质嫩一些，所以浸烫鸭、鹅的时间就要长一些，水的温度也应略高一些。

3. 应根据烹调菜肴的要求，选择不同的开膛加工处理方法

用家禽制作菜肴的种类繁多，应根据原料用途及烹调菜肴的要求，选择不同的开膛加工处理方法。选用整只的家禽用蒸制法制作菜肴时，应选用背开的方法进行开膛处理；但选用整只的家禽用烤制法制作菜肴时，应选用肋开的方法进行开膛处理。选取家禽某一部位制作菜肴时，应选用腹开的方法进行开膛处理。

4. 应符合卫生要求，防止交叉污染

加工家禽时应防止细菌、微生物的侵蚀，要分类加工，防止交叉污染。加工处理内脏时不要碰破胆，以免胆汁污染肉质。洗涤家禽时必须用冷水冲洗干净，特别是家禽的腹腔必须反复冲洗，直至血污冲净为止，否则会影响菜肴的口味和色泽。

5. 要厉行节约，避免浪费，做到物尽其用

虽然家禽各部位的质地有所不同，但其下脚料均可利用，如头、爪、骨架用于煮汤或用酱、卤等方法制成菜肴；肝、肠、心和血也可用来制作菜肴。因此，家禽的各部位在初步加

工时不要随意丢弃，应充分合理地使用，从而降低烹饪成本。

（二）家禽初步加工的方法

用于制作菜肴的家禽主要有鸡、鸭、鹅、鸽、火鸡等，其初步加工主要有以下步骤：宰杀→浸烫（或不浸烫）→煺毛→开膛取内脏→内脏的洗涤、整理。

1. 宰杀

宰杀家禽的方法有放血宰杀和窒息宰杀（闷或呛淹）两种方法。放血宰杀即用刀割断家禽的血管、气管，随后放置流尽血。宰杀家禽之前，要事先准备好一个盛器。盛器内放适量的冷水（冬季可用温水）并加入少许食盐，把血液滴入盛器内。以鸡为例，宰杀时左手提住鸡翅，小指勾住鸡的右腿。用拇指和食指按住鸡头、捏住鸡颈皮并向后收紧，使手指捏到鸡颈骨的后面（以防下刀时划伤手指）。在下刀处拔净颈部鸡毛，然后用刀割断气管和血管，随后将鸡身下倾倒置，放尽血液，血要流入盛器内。待血全部流尽后，用筷子将鸡血和盐水调匀待用。窒息宰杀（闷或呛淹）是将禽类用闷死或用水呛淹致死的方法，如鸽子可采用此法进行加工。

2. 浸烫、煺毛

家禽宰杀后即可浸烫、煺毛。这个步骤须在家禽停止挣扎后迅速进行。应把握好时机，浸烫过早会因家禽肌肉痉挛、皮紧缩而不易煺毛；过迟则家禽肌体僵硬，羽毛也不易煺净。浸烫、煺毛时水的温度应视家禽的品种、大小，并根据季节和家禽的老嫩而定。一般情况下，大而老的家禽用85~90℃的水温；小而嫩的家禽宜用65~80℃的水温。冬季水温可高一些，夏季水温可低一些。浸烫时间以2~3 min为宜，浸烫时间过短不易煺毛，浸烫时间过长易使家禽表皮受损，而影响成品质量。

浸烫后，要趁热将羽毛煺净。鸡、鸭、鹅煺毛可采用湿煺法（温烫或热烫），鸽子可采用干煺法（无须烫泡）煺毛或温煺法。干煺法要待鸽子完全死后而体温尚未散尽时将羽毛拔净。若体温散尽（僵硬），鸽子的羽毛不易煺净，且易使表皮破损。鸭、鹅的羽毛比较难煺，宰杀前可先给鸭、鹅灌一些冷水。此外，给家禽煺毛时还应注意手法，先按顺毛方向煺净翅膀的羽毛，逆毛方向煺净颈毛，然后逐层逆向煺净全身羽毛，最后用冷水洗净待用。总之，在浸烫、煺毛的过程中，以煺净绒毛而不使家禽表皮破损为宜。

3. 开膛取内脏

开膛取内脏的方法，可视家禽原料的用途和烹调的要求而定。常用的开膛取内脏有三种方法，即腹开法、背开法和肋开法。

（1）腹开法　先在家禽颈右侧的脊椎骨处开一刀口，取出嗉囊，然后在胸骨以下的软腹处（肛门与肚皮之间）开一条5~6 cm长的刀口，由此处取出内脏，然后将家禽冲洗干净即可。腹开法适用广泛，凡加工形状为块、片、丝、丁、茸等，

腹开法演示

用以制作菜肴的，均可采用腹开法。

背开法演示

（2）背开法　先由家禽的脊背处（沿脊骨从尾至颈部）剖开取出内脏，然后将家禽冲洗干净即可。背开法适用于整形菜品的制作，如"清蒸鸡""红扒鸡"。一般用整只家禽制作的菜品，装盘时均为腹部朝上。采用此法取内脏后加工制作的菜肴，易于菜肴入味成熟，又使家禽腹部显得丰满。

肋开法演示

（3）肋开法　在家禽的右肋（翅膀）下开一刀口，然后从刀口处将内脏取出，同时取出嗉囊，将家禽冲洗干净即可。肋开法主要适用于"烤鸡""烤鸭"的制作，使家禽在烤制时不致漏油，烹调后的口味更加鲜美，还保持形态完整。

无论采用哪一种方法，操作时均应注意不要碰破家禽的胆囊。家禽胆囊苦味较重，破碎后易污染禽肉，禽肉可能因沾染胆汁而出现苦味，影响成品菜肴的质量。

4. 内脏的洗涤、整理

禽类的内脏除嗉囊、气管、食管和胆囊不能食用外，其他均可入馔食用。

（1）胗　先割去前段食肠，从侧面剖开，除去其污物，剥掉黄皮（角质膜），洗净即可。

（2）肝　摘去附着在肝上面的苦胆，洗净即可。

（3）肠　先去掉肠内污物，然后用剪刀顺肠剖开并冲洗。随即用剪刀轻轻去除依附在肠壁上的附着物，加盐、醋、明矾，洗去肠壁上的污物、黏液。最后反复用冷水冲洗干净即可。

（4）血　将已凝结的血块放入沸水锅中煮（或蒸）熟后取出备用。煮（或蒸）时须注意火候，煮（或蒸）的时间不宜过长，否则影响其质量。

（5）油脂　家禽腹内的油脂经加工后可作为明油。明油的制作方法是：将油脂洗净后改刀切碎，放入容器中，加上葱段、姜片，上笼蒸至油脂熔化后取出，去掉葱段、姜片等杂质后即为色黄而香的明油。明油主要用于菜肴成熟后，临出锅时淋入，可起到增亮、增色、增香的作用。

（三）家畜初步加工的基本要求

家畜的初步加工主要指对家畜内脏、四肢及头尾的加工处理。家畜内脏、四肢及头尾泛指心、肝、肺、胃、肚、肾（腰子）、肠、头、爪、尾、舌等组织器官。由于这些烹饪原料带有较多的黏液、污物及油脂和脏腑异味，故应选用恰当的方法进行加工处理后，方能达到制作菜肴的要求。

1. 应注意清洁卫生，保护营养成分不受损失

对家畜进行整理加工时要去除其污物和异味，以确保烹饪原料的食用安全及卫生。同时要尽量减少用水浸泡的时间（时间的长短以除去污物、异味时间而定），以防止烹饪原料中营养成分的流失。

2. 加工方法要得当，以确保菜肴质量

由于家畜品种不同，其内脏、四肢和头尾的质地各异，所以应选用恰当的方法进行加工整理，以确保成品菜肴的质量。

3. 要严把质量关，减少污染环节

家畜内脏、四肢及头尾含有大量的水分，易造成微生物的侵染，进而导致原料的腐败变质。因此要严把质量关，防止在加工环节出现问题。

（四）常用的家畜初步加工的方法

常用的家畜初步加工方法有里外翻洗法、盐醋搓洗法、刮剥洗涤法、冷水漂洗法和灌水冲洗法等。在加工处理家畜内脏及四肢时，一般需要多种方法并用才能达到制作菜肴的要求。

1. 里外翻洗法

此法主要适用于家畜的肠、肚等内脏的洗涤加工。因为其里外带有较多的黏液、油脂和污物，所以在外面洗净后，须将其翻转过来洗里面，以达到清洁卫生的要求。

2. 盐醋搓洗法

此法主要适用于洗涤加工油脂和黏液较多的肠、肚等家畜内脏。具体方法是：先将肠、肚上的污物、油脂去掉，放入盐（利用盐的渗透作用）搓揉去除黏液，再加醋揉搓除去异味，用冷水冲洗，采取里外翻洗法搓洗，直至其无黏液和异味为止，最后再用冷水冲净。此法须与里外翻洗法结合进行，缺一不可。

3. 刮剥洗涤法

此法主要适用于去掉家畜原料表皮上的污垢、残毛和硬壳，如家畜的头、舌、爪、尾的加工可选用此法。

4. 冷水漂洗法

此法主要适用于洗涤质嫩且易碎的家畜原料，如家畜的脑、肝、脊髓。此法是将家畜原料置于冷水中漂洗干净即可。

5. 灌水冲洗法

此法主要适用于洗涤家畜的肺和肠等内脏。可用以下操作方式：

（1）将家畜（如猪）肺的大、小气管和食管剪开，用冷水反复冲洗干净，再置入沸水锅中去血污，捞出后冲洗干净即可。

（2）将家畜（如猪）肺的气管套在水龙头上，灌水冲洗数遍，去除表层污物，再置入沸水锅中去血污，捞出后冲洗干净即可。

能力培养

准备未加工的烹饪原料，组织同学分组完成初步加工任务。请结合现代烹调菜肴的质量标准，讨论应该如何规范加工原料的流程。根据原料初步加工流程，讨论烹调师应具备哪些素养能力。

活动要求：1. 原料加工应具备的职业素养。

2. 原料加工应具备的专业知识。

3. 原料加工应具备的技术能力。

 知识链接

2019年某电视台曝光国内某大型连锁酒店在烹饪原料初加工上存在违规现象，经过暗访查明企业对新鲜蔬菜不清洗而直接进行烹调，厨房工作人员存有"烹调初步热处理可消毒杀菌"的错误思想，引起社会和餐饮行业强烈反响。此类事件严重损害了消费者的健康，影响了餐饮企业的品牌形象，受到了法律法规的严肃制裁。

作为烹调师，要严格遵守《食品安全法》的要求，按照烹饪流程标准操作，具备良好的职业道德和核心素养行为，做到健康烹调、规范烹饪，提高职业素养，成为德艺双馨的技能型人才。

项 目 测 试

一、填空题

1. 家畜内脏、四肢及头尾泛指心、肝、肺、_____、肾（腰子）、肠、头、爪、_____、舌等组织器官。

2. 常用家畜的初步加工方法有里外翻洗法、盐醋搓洗法、_____、_____和灌水冲洗法。

3. 鸽子煺毛的方法有_____和_____两种方法。

二、单项选择题

1. 制作"清蒸鸡"时，将选用的鸡进行初步加工取内脏应采用（　　　）。

A. 腹开法　　　　B. 背开法　　　　C. 肋开法

2. 大而老的家禽在冬季煺毛时水的温度宜在（　　　）。

　　A. 85~90℃　　　　B. 65~80℃　　　　C. 65℃以下

3. 家畜的脑、肝、脊髓在初步加工时宜选用（　　　）。

　　A. 盐醋搓洗法　　B. 刮剥洗涤法　　C. 冷水漂洗法

三、判断题

1. 新鲜蔬菜初步加工时宜先切后洗。（　　　）

2. 花菜类蔬菜初步加工步骤是：去蒂及花柄（茎）→清洗→沥水。（　　　）

3. 鱼类的初步加工步骤是：宰杀→去鳃→修整鱼鳍→开膛（或不开膛）去内脏→刮鳞、清洗→沥水待用。（　　　）

四、简答题

1. 鲜活烹饪原料加工的意义是什么？

2. 新鲜蔬菜的初步加工的基本要求是什么？

3. 水产品的初步加工有哪些基本要求？以鱼类为例说明其加工步骤。

4. 家禽的初步加工的基本要求是什么？其加工步骤是什么？家禽类烹饪原料开膛去内脏的方法有哪三种？

5. 家畜的初步加工有哪些基本要求？

项目 2.2　出肉加工及整料去骨

学习目标

　　知识目标：1. 理解出肉加工及整料去骨的作用。

　　　　　　　2. 掌握出肉加工和整料去骨的基本要求。

　　技能目标：1. 会对烹饪原料进行出肉加工。

　　　　　　　2. 会对烹饪原料整料去骨。

　　素养目标：注重勤俭节约精神和敬业工作态度的培养。

一、常用水产品的出肉加工

　　烹饪原料在初步加工后，还要根据烹调和食用的要求，对水产品、家禽、家畜等烹饪原料进行出肉加工、整料去骨等。这一加工整理过程是烹饪原料初步加工的继续，是烹饪原料加工处理过程中的重要环节，为制作菜肴的下一环节奠定了基础。出肉加工就是根据烹调和食用的要求，将动物性烹饪原料的肌肉组织从骨上分离出来的加工整理过程。其是制作菜肴的重要环节，是一项技术性较强的重要加工程序。出肉加工的质量的优劣，不仅关系到烹饪原料的出成率（即净料率）、菜肴的成本、售价，还直接影响到成品菜肴的质量。

（一）鱼的出肉加工（以草鱼为例）

鱼的出肉加工演示

将经初步加工的草鱼侧放于砧板上，鱼头朝左，鱼尾朝右。左手按住鱼头、右手持刀。从鱼尾处下刀，刀面紧贴鱼脊骨，由尾片至鱼头部将其片成两片，即软边（不带脊骨的一片）和硬边（带有脊骨的一片）。将软边去头、尾，片去鱼皮（也可不去皮）及骨刺，即成净鱼肉。可根据烹调菜肴的要求，再将其改刀成片、丝、条、丁、粒、末、茸、花块等形状。硬边（去头尾）可加工成块、段等，也可整条制作菜肴。

（二）虾的出肉加工

虾的品种较多，其大小、质地、菜肴成品要求各异。虾的出肉加工方法有挤和剥两种常用的方法。

1. 挤法

此法适用于形体较小的虾。加工方法是用双手分别捏住虾的头尾，用力将虾肉从背壳结合处挤出，然后挑出虾线即可。

2. 剥法

此法适用于形体较大的虾。加工方法是先将虾头去掉（另作他用），再去虾壳、虾尾（虾尾的留取，可视制作菜肴的要求而定），然后挑出虾线即可。

（三）蟹的出肉加工

蟹的出肉加工演示

蟹的品种繁多，其大小、形状、质地、成品菜肴要求各不相同。蟹一般采用熟出肉（采用蒸或煮）的方法，常用竹片刀（或竹扦）剔出蟹肉、蟹黄。蟹的外壳坚硬，可用蟹钳将蟹腿、螯部夹裂后取出其肉。

二、整料去骨

整料去骨（或称出肉）是指将整只（条）的动物性烹饪原料中的骨骼（根据所烹制的菜肴要求，确定全部或部分骨骼）剔出，仍保持原料完整形态的一种出肉加工方法。经过整料去骨，烹饪原料便于入味，易于成熟，造型美观，食用方便。

（一）整料去骨的要求

1. 合理选料

整料去骨的烹饪原料应视烹调和食用的要求，选择新鲜、大小适中、肉质薄厚和质地老嫩适宜的原料，以确保烹饪原料去骨加工整理过程的顺利进行。

2. 下刀准确

应选取经初步加工且符合整料去骨的烹饪原料（一般用于整料去骨的烹饪原料内脏不去除，以便于去骨）。去骨时按原料的组织结构，做到下刀准确，骨骼去除干净，且不破坏原料表皮（外形），以确保成品菜肴的质量。

（二）常用烹饪原料整料去骨的方法

1. 禽的整料去骨

以鸡料去骨为例，其加工步骤是：划破颈部表皮、剁断鸡颈骨→去鸡翅骨→去鸡躯干骨→去鸡腿骨→洗涤整理、沥水待用。

（1）划破颈部表皮、剁断鸡颈骨　选取经初步加工后的整鸡，在其颈部两肩相夹的表皮处，划一 6~7 cm 长的刀口。把鸡颈表皮划破，在刀口处将皮分开，将颈骨拉出，在近鸡头的刀口处把颈骨剁断（注意不要破坏表皮）。

（2）去鸡翅骨　在颈肩的刀口处将表皮翻开，使鸡头朝下，随后连皮带肉缓缓向下反剥，分别剥至鸡翅骨的关节处，使骨关节露出。用刀把鸡翅骨关节上的筋割断，抽出鸡翅骨，使鸡翅骨与鸡身脱离。

（3）去鸡躯干骨　将鸡背部的皮肉向外翻剥至鸡胸肋骨处，露出鸡胸肋骨。然后把鸡身的皮肉一同向外翻到两侧腿骨处，使鸡腿与鸡躯干分开，分别将鸡腿骨向背后拉开，直至露出鸡骨关节，断其筋膜。再将鸡身皮肉向下继续剥至鸡肛门处，把鸡尾椎骨割断并割断鸡直肠（注意鸡尾部应与鸡身皮肉相连），此时把鸡躯干骨去除即可。

（4）去鸡腿骨　将一侧的鸡大腿肉表皮向下翻一些，使其骨关节露出，用刀（围绕关节）割断筋，露出鸡大腿骨至膝关节时将其割下。之后在靠近鸡爪处横割一刀断其筋，随即将鸡小腿皮肉向下，露出鸡小腿骨剁断后去除即可。用相同的方法将另一侧的鸡骨去除。

禽的整料去骨演示

（5）洗涤整理、沥水待用　鸡的骨骼去净后，将鸡皮翻转、复原形状，用清水洗净，沥水待用。

2. 鱼的整料去骨

（1）不开口式的整鱼去骨　不开口式的整鱼去骨，需要用专用工具。此时应选用竹片刀（或其他材质的刀具）。一般的规格是刀长 30~35 cm，宽约 2 cm，刀前部略窄（0.6~0.8 cm），呈剑形且两侧稍锋利。以黄鱼的加工为例，其去骨加工的一般步骤是：取内脏→剁断鱼脊骨→去鱼骨→取出鱼骨→洗涤整理、沥水待用。

① 取内脏　将初步加工的黄鱼，由鱼鳃处将其内脏及鱼鳃取出，洗净。

② 剁断鱼脊骨　将黄鱼置于墩面上，先掀开鳃盖，把鱼脊背骨剁断（注意不要伤破鱼皮和鱼肉），再把黄鱼尾部骨剁断（不要将鱼尾断开）。

③ 去鱼骨　右手持刀，左手按住鱼体。刀从鱼鳃部进入，从一侧沿着鱼脊背骨缓缓推进（由头至尾部肛门处），依次用刀将鱼脊背骨与肉片开，然后向鱼腹方向把鱼胸肋骨与鱼肉片开。用相同的方法将另一侧的鱼脊背骨和胸肋骨与鱼肉片开。

④ 取出鱼骨　将片开的鱼脊背骨和胸肋骨（在腹内其与鱼肉已分离）从头部抽出即可。

⑤ 洗涤整理、沥水待用　将加工处理的黄鱼洗涤干净，沥水待用。

开口式的整鱼
去骨演示

（2）开口式的整鱼去骨　以鳜鱼加工为例，其去骨加工的一般步骤是：去除鱼脊骨→去除胸肋骨→洗涤整理、沥水待用。

① 去除鱼脊骨　将经过初步加工整理的鱼放在墩面上，头朝上，腹部朝左。左手按住鱼，右手持刀，从鳜鱼背部下刀，用刀尖顺沿鱼脊背骨片至鱼尾部。右手持刀，左手掀开鱼脊背肉，左右手相互配合顺沿鱼脊背骨及胸肋骨将鱼肉分开。同样的方法将另外一侧的鱼脊背骨与鱼肉分开。再紧贴着去鱼脊骨，将其与胸肋骨断开（鱼头尾应相连），并将断开的鱼脊骨取出。

② 去除胸肋骨　将鱼背肉翻开，露出鱼胸肋骨，用刀紧贴胸肋骨沿胸腔将其片去。

③ 洗涤整理、沥水待用　将加工处理的鳜鱼洗涤干净，沥水待用。

能力培养

　　准备一只整鸡，以及刀具、操作案台等工器具，结合整鸡去骨的操作流程，进行实践训练。

　　活动要求：1. 去骨原料形态完整。

　　　　　　　2. 去掉的骨骼干净无残肉。

　　　　　　　3. 操作过程规范卫生。

项 目 测 试

一、填空题

1. 在整料去骨时，首先要了解和熟悉烹饪原料的 ＿＿＿＿＿＿＿＿ ，做到下刀准确。

2. 出肉加工就是根据 _____ 和食用的要求，将动物性烹饪原料的 _____ 从骨上分离出来的加工整理过程。

3. 虾的出肉加工有 _____ 和 _____ 两种常用的方法。

二、选择题

1. 鱼的整料去骨采用不开口式的方式旨在（　　　）。

　　A. 使成品菜肴形状美观

　　B. 易于后续操作

　　C. 降低菜肴的成本

2. 虾出肉加工时挑出虾线的目的是（　　　）。

　　A. 提高菜肴的售价

　　B. 保证菜肴的质量

　　C. 降低菜肴的成本

三、判断题

1. 鱼出肉加工时，其硬边宜加工成片、丝等形状，制作菜肴。（　　　）

2. 烹饪原料的出肉加工出成率的高低，不会影响菜肴的成本及售价。（　　　）

四、简答题

1. 结合实践，试述鲤鱼出肉加工的步骤。

2. 叙述鸡的整料去骨的过程，并进行实践操作。

3. 什么是整料去骨？其对加工制作菜肴有何作用？

4. 选取一条黄鱼进行整料去骨，并试述操作要领。

项目 2.3　干货原料的涨发

学习目标

　　知识目标：1. 理解干货原料涨发的意义和要求。

　　　　　　　2. 理解干货原料涨发的方法和原理。

　　技能目标：1. 能鉴别和挑选干货原料。

　　　　　　　2. 会涨发干货原料。

　　素养目标：培养学生烹饪环保意识和严谨的工作态度。

一、干货原料涨发的概念、意义和要求

（一）干货原料涨发的概念

1. 干货原料

干货原料简称干货或干料，是指对新鲜的动植物性烹饪原料采用晒干、风干、烘干、腌制等工序，使其脱水，干制而成的易于保存、运输的烹饪原料。

2. 干货原料涨发

干货原料涨发是一种利用干货原料的理化性质，采用各种方法，使干货原料重新吸收水分，最大限度地恢复其原有的鲜嫩、松软、爽脆状态，并除去原料的异味和杂质，使之合乎食用要求的加工过程。

（二）干货原料涨发的意义

鲜活的高档原料如海参、鱼肚、鱼皮、干贝，通常先制成干货原料，烹调前再进行涨发，以保证其味道、质地与鲜活时相近。还有许多原料如莲子、玉兰片、黄花菜、香菇、木耳，干制涨发后则具有独特的风味。

（1）作菜肴主料使用，具有特殊风味　干货原料中的山珍海味在烹调中大多作为主料使用。它们出现在筵席的大菜或主要菜肴中，具有独特的风味特点，形成了许多脍炙人口的名菜，如"红烧大群翅""蒜子鱼皮""鸭包鱼翅"。

（2）作菜肴的配料使用，具有特殊风格　干货原料涨发后由于其具有松软、脆嫩、味美等特点，因此在与其他原料配合使用时可形成特殊风格，如"干贝珍珠笋""猴头菇扒菜心""香菇炖鸡"。

（3）作菜肴的馅料使用，具有特殊味道　涨发后的许多干货原料，如干贝、鱼肚、海参、海米，可作为菜肴的馅料使用，具有特殊味道。

（三）干货原料涨发的要求

干货原料涨发是一个较复杂的过程，尤其是高档的山珍海味，如鱼翅、燕窝，涨发的质量决定着成菜的品位和档次。因此对干货原料进行涨发必须注意以下要求：

（1）干货原料涨发要使原料恢复其原有的鲜嫩、松软、爽脆的状态。

（2）干货原料涨发要除去原料的腥膻等异味和杂质。

（3）干货原料涨发要使原料便于切配，从而形成各种形态。

（4）干货原料涨发要方法得当，使原料达到最大产出率。

（5）干货原料涨发要以菜肴质量标准为依据，在色泽、质感、形态上应达到菜肴质量要求。

二、干货原料涨发的方法

干货原料的涨发方法主要有水发、油发、碱发、盐发、火发等。涨发过程中伴随着复杂的物理、化学变化。

（一）水发

水发是应用最广的一种干货原料涨发的方法，适用于大部分植物性、真菌类及动物性干货原料。即使经过盐发、油发、碱发等的原料，最后也要经过水发的过程。水发是通过水的浸泡或用小火加热、焖泡等，使干货原料吸水、去除异味并尽可能恢复到原有鲜嫩状态的方法。水发分为冷水发、温水发和沸水发三种。

1. 冷水发

把干货原料放入冷水中，使其吸水回软并尽可能恢复到原有状态的涨发方法称为冷水发。冷水发的特点是操作简单易行，并能基本保持干货原料原有的鲜味和香味。其一般分为浸发和漂发两种方法。

浸发就是把干货原料用冷水浸没，使其慢慢吸水涨发。浸发的时间要根据原料的大小、老嫩、松软或坚硬程度而定。硬而大的原料，浸发的时间要长一点（有的还需换水再浸）；嫩的、小的原料浸发时间可短一点。

漂发就是把干货原料放入冷水中，用工具或手不断挤捏，使其浮动。此方法一方面可达到涨发的目的，另一方面可除去原料中的杂质、异味、泥沙等。

还有一些干货原料如海参，在涨发时，先用冷水浸泡至发软，再用其他方法涨发。腥臊味重的原料经过沸水涨发后仍不能除尽异味，或经过碱发、盐发和油发的原料，也要再用冷水浸泡或漂洗，以除尽异味和其他杂质。

2. 温水发

温水发是将干货原料放在温水中浸泡，使其吸水膨胀并尽可能恢复到原有状态的涨发方法。口蘑、香菇等的涨发使用温水发。

3. 沸水发

把干货原料放在水中，经过煮、焖、泡或蒸制等过程使其回软的涨发方法称为沸水发。沸水发主要利用热传导，促使干货原料分子运动，吸收水分。

（1）沸水发的分类　沸水发可分为泡发、煮发、焖发、蒸发四种。

泡发　泡发是将干货原料放入沸水中浸泡而不再继续加热，使其慢慢涨大的涨发方法。此法多用于形体较小、质地较软的干货原料，如发菜、粉皮。

煮发　煮发是将干货原料放于冷水中，加热煮沸或煮沸后离火，稍后再煮沸，使干货原料体积逐渐膨胀、质地变软的涨发方法。此法多用于质地坚硬、厚大且带有较重腥膻气味的干货原料，如海参。

采用煮发时应注意以下三点：

- 煮发前干货原料要用冷水浸透。
- 浸透后干货原料要放入冷水中加热。
- 煮沸后要用微火煮焖。

焖发　焖发是煮发的延伸过程或辅助工序，与煮发相辅相成。焖发是将干货原料加水煮沸，而后换小火保温焖制，使沸水持久地加速原料内分子运动，促使水分渗透扩散，使干货原料尽可能恢复到原有状态的涨发方法。有些动物性干货原料，如鱼翅、蹄筋、海参，若长时间在沸水中煮，会出现外烂里硬的现象。所以采用煮后再焖、焖煮结合的方法，可以使其内外一起发透。焖发一般需加锅盖。

蒸发　蒸发就是将干货原料放入盛器内上笼屉蒸透，使干货原料尽可能恢复到原有状态的涨发方法。蒸发一般适用于整理好的体积小、用量少的干货原料，如蛤士蟆油、干贝、鱼骨、鲍鱼，能保持原料的完整性。当涨发到一定程度时，再改用蒸发，能使其不散不碎。蒸发时往往应添加水或鸡汤、黄酒等去腥增鲜的配料，以增进干货原料的鲜美滋味。

总的来看，应视干货原料的不同性质而采用不同的涨发方法，绝大部分肉类及山珍海味干货原料均适合沸水发。

（2）沸水发的形式　沸水发有一次涨发和多次反复涨发两种形式。

一次涨发　是指只经过一次沸水就可以达到涨发要求的涨发方法。如发菜、粉丝、梅干菜、银鱼干，只要加上适量沸水泡上一段时间即可发透。又如干贝、蛤士蟆油、鲍鱼，上笼蒸发前先用冷水浸数小时即可达到酥软的要求。蒸鲍鱼时可加鸡肉、鸡骨等同蒸，以增添鲜味。干贝、贻贝（淡菜）等加葱段、姜片、料酒同蒸，可去腥而增加香味，而蒸蛤士蟆油则只需加清水即可。

多次反复涨发　是指要经过多次沸水涨发才能达到要求的涨发方法。主要适用于质地特别坚硬、老厚、带筋、夹沙或腥臊气味较重的干货原料，如海参、驼蹄、鱼翅，需要经过数次泡、煮、焖、蒸等沸水涨发过程（在沸水涨发前后还要经过冷水浸漂）才可发透。

干货原料经过沸水涨发后即可制成菜肴。沸水发对菜肴质量关系甚大。如果涨发不透，制成的菜肴必然僵硬、难以下咽；反之，如果涨发过度，制成的菜品成形较差。所以，必须根据干货原料品种、大小、老嫩等不同情况，运用恰当的沸水发方法并掌握好火候，才能达到涨发的要求。

（二）油发

油发就是将干货原料放入温油锅内，经过加热使其膨胀松脆达到涨发要求的方法。主要适合涨发含胶原蛋白较多的动物性干货原料，如蹄筋、鱼肚、猪肉皮。其分为油发和水油混合发两种方法。油发后的干货原料还要经过碱液去油、水浸、漂洗等过程。

1. 油发方法

油发前，先要检查干货原料是否干燥。如已变潮，应先烘干，否则不易发透。一般宜将干货原料放入凉油或温油锅中逐渐加热，火力不宜过旺，否则会使干货原料外焦而里不透。特别是在油浸时，若发现干货原料有小气泡鼓起，应降低火力或将油锅离开炉口，用温油浸发一段时间，使其充分"焗透"，再加大火力，逐渐提高油温，直至将干货原料涨发至内外膨胀松脆。油发后的原料较油腻，因此使用前应先用热碱水浸洗，再用冷水漂洗净碱液，最后浸泡于冷水中备用。油发后的成品品质膨松绵软。

油发的操作流程是：用温水洗净干货原料，晾干→在冷油或温油中放料→用温油浸透干货原料→用热油涨发干货原料→用温水或碱水浸泡回软→用冷水漂洗→备用。

2. 水油混合涨发方法

此法又称半油半水发，即用油发到一半程度（刚要涨发透）后改用水发，然后达到涨发要求的方法。如蹄筋的涨发，先将蹄筋放入温油锅中炸至蹄筋周围有小气泡生成且体积缩小时捞出，在热碱水中浸泡 1~2 h 后洗净，待其体积膨胀且中间无硬心时取出，改用冷水浸泡即成。油发的成品品质脆嫩。

（三）碱发

碱发就是将干货原料放入预先配制好的碱液中，使其涨发回软的方法。碱发适用于质地坚硬、表面致密的海产动物性原料，如干鱿鱼、墨鱼。一般须经过水洗浸软、碱水浸泡、冷水漂洗三个工序。具体操作中有碱水发和碱面发（纯碱粉）两种方法。

1. 碱水发

（1）碱水发工序　先将干货原料用冷水洗净，作用是去除原料表面杂质，进行必要的整理。水浸后使原料初步回软。然后将水洗后的干货原料放入配制好的碱液中浸泡，作用是使原料充分吸水、回软。最后将碱液浸泡后吸水回软的干货原料用冷水漂洗，作用是除去碱味，促使原料进一步涨发。

（2）碱液配制　涨发用的碱液一般分为熟碱液和生碱液两种。

熟碱液是用纯碱 500 g、生石灰 200 g、沸水 4 500 g 放在一起搅拌均匀，然后再加冷水 4 500 g 搅匀，静置澄清后去掉残渣而制成。其特点是碱液水清，涨发后的原料不滑。

生碱液是将纯碱 50 g、冷水 1 000 g 搅拌均匀后即成，即 5% 的生碱液。用生碱液涨发的原料有滑腻的感觉。

由于碱有较强的腐蚀性和脱脂性，所以用碱发可以缩短涨发时间。但碱发也使干货原料损失部分营养成分，因此要特别注意掌握好碱水浓度和涨发时间，从而收到良好的涨发效果。

油发演示

碱水发演示

2. 碱面发

碱面发演示

碱面发就是用冷水或温水先将干货原料浸泡回软，然后剞上花刀切成小块，再蘸满碱面（大块碱可先制成粉末状）放置一段时间，涨发时再用沸水冲烫，成形后用冷水漂洗。此方法的优点是蘸有碱面的原料可存放较长时间，涨发方便，随用随发。

（四）盐发

盐发就是将干货原料埋入已加热的盐中继续加热，使干货原料膨胀松脆，成为半成品的方法。盐发的作用和原理与油发基本相同，适用于鱼肚、肉皮、鹿筋等胶质含量丰富的动物性干货原料。

一般油发的干货原料也可以采用盐发来达到涨发目的，只是传热介质不同。盐发一般需经过晾干、盐炒、浸泡洗三个工序。

（五）其他涨发方法

有的地区采用硼砂（$Na_2B_4O_7 \cdot 10H_2O$）涨发。硼砂属强碱弱酸盐，其性质和纯碱（Na_2CO_3）溶液大体相近，只是碱性略小些，涨发方法类似碱发。硼砂与烧碱（$NaOH$）、水等兑成一定比例的混合液，不仅碱性强，而且碱性持久，是涨发鱿鱼、墨鱼等的较好的涨发液。

火发是将带有毛、鳞、角、硬皮的干货原料用火源烤，待表皮烤至可以去掉时，再与其他方法结合进行涨发的方法。火发并不是用火直接涨发，而是由于某些特殊的干货原料，在涨发时必须经过一个用火烧烤的过程。如岩参、乌参，外皮坚硬，直接水发不易达到涨发效果，于是先用火将其外皮烤焦，再把烧焦的外皮除去，然后反复用沸水泡发。具体可分为烤、浸、煮、发等工序。

三、干货原料涨发的基本原理

（一）水发原理

无论是动物性烹饪原料还是植物性烹饪原料，干制后都要失去大部分水分，涨发的目的就是要最大限度地使其恢复到原来的状态。但由于种种原因，要使干货原料完全恢复到原来状态几乎是不可能的。因此，只能部分地将其复原，如恢复含水量、质地。水发干货原料，就是利用水的溶解性、渗透性及原料成分中所含有的亲水基团，使原料失去的水分得以复原。只有这样，才能使原料中含有的可溶性风味物质得以呈现，使原料符合烹调要求和人们的饮食习惯。干货原料经涨发后，所吸收的水分大部分进入细胞内。其吸水的途径有三个方面。

（1）通过细胞膜的通透性吸水。烹饪原料干制后，细胞中的水分大量减少，细胞内的干物质浓度增大。由于浓度差的作用，细胞外的水分开始向细胞内渗透，表现为使整个原料大量吸水，直到细胞内外的渗透压达到平衡为止。此时细胞对水的吸收为被动吸收。

（2）含有的亲水基团如—CHO、—OH、—NH$_2$ 等吸水。

（3）通过毛细现象吸水。烹饪原料经干制后，因大量失水而呈蜂窝状，形成许多类似毛细小孔的通道。由此，通过毛细现象又可吸收一部分水。

（二）油发原理

适合油发的干货原料大都含有丰富的胶原蛋白，油发时原料的含水量不能太大，油的温度也不能太高，一般油温在70℃左右时开始下料，然后慢慢升温。

1. 油发时干货原料的物理化学变化

烹饪原料经干制后，仍含有一定量的结合水，这部分结合水是干货原料得以涨发的关键因素。干货原料的含水量要适宜，既不能太多也不能太少。含水量太多时，进入干货原料内部的热量只能使整个干货原料由初始温度上升到使干货原料内部水分开始气化之前的温度，这时表面蛋白质已变性形成一层不可伸缩的保护层。此时，如继续对原料加热，即使干货原料内部水分气化，也不足以使整个干货原料膨胀。如果所含水分太少，就没有足够的水分气化使干货原料膨胀。

2. 涨发的三个阶段

第一个阶段，干货原料受热回软。当干货原料在油中加热到60℃左右时，胶原蛋白具有伸缩性，开始逐渐回软，体积收缩。第二个阶段，小气室形成、胀大。干货原料回软后，若继续升温，干货原料中所含的水分便开始气化，逐渐形成小气室。随着温度的升高及时间的延长，小气室越来越大。当胶原蛋白分子发生变性失去弹性时，强度也随之降低。因此，气体从小气室逸出，原料基本按原体积固定下来。从外观表现上看，整个干货原料已经膨松，油面出现气泡，干货原料体积成倍增大。第三个阶段为浸泡吸水回软阶段。膨松的油发原料经热水浸泡，清水漂洗使原料吸水回软。原料对水的吸收主要靠毛细现象。

（三）碱发原理

1. 适合碱发的干货原料的特点

适合碱发的干货原料均为海产软体动物，其干制后含水量较低，质地较油发的干货原料（如干肉皮、蹄筋）略松散些，保气性也较差些。但海产软体动物在长期的生物进化过程中，为了抵御海水的侵蚀，在它们的身体表面形成一层致密的由内分泌物质组成的致密膜。这层膜具有很强的防水性，尤其在原料干制后，变得更加致密，成为一层防水保护膜。

2. 碱发时干货原料的物理化学变化

把适合碱发的干货原料放入碱液中，碱首先对防水保护膜起作用。这层膜由脂肪等物质构成，碱与其作用，可发生水解、皂化等一系列反应，从而把这层防水保护膜离解，使水能顺利地与原料结合。这时，原料对水的吸收一部分是蛋白质的水化作用，另一部分是毛细现象。其次，在蛋白质分子间，有—NH$_2$、—CHO、—OH 等亲水基团，原料经碱液浸泡处理后，上述基团大量显露出来，提高了蛋白质的水化能力。另外，由于蛋白质的胶凝作用，可使水分散在蛋白质中，在这种分散体系中，蛋白质以凝胶和溶胶的混合状态存在，具有一定的形状和弹性，而蛋白质的水化作用与蛋白质的等电点及溶液的 pH 等密切相关。在等电点时，蛋白质分子呈中性，水化作用最弱。因此，在等电点时，蛋白质的溶解度最小。加入碱后，可改变溶液的 pH，使 pH 远离蛋白质的等电点，增加了蛋白质分子表面的电荷数，加强了蛋白质的水化能力，从而增强了原料的吸水能力。碱发后的原料要用冷水漂洗掉残留的碱，这样可促使其进一步涨发，其原理类似于蛋白质盐析的逆过程。

经碱发后的原料和冷水可被看作两个分散体系。当经碱发后的干货原料放在冷水中时，原料表面相当于一个半透膜，溶液的渗透压取决于所含物质的浓度。对碱发后的原料及水而言，由于原料内含有一定的盐类及大分子的蛋白质，其渗透压对于纯水来讲，仍然是高渗透压的一侧。因此，水分子可通过原料表面继续进入干货原料内部，而原来的碱可通过干货原料进入水中，这样既可去除残留的碱，又达到了进一步涨发的目的。

四、常用干货原料涨发实例

干货原料品种繁多，涨发方法各不相同，只有正确理解和反复运用常见干货原料的涨发方法，才能掌握涨发技能。

（一）植物性干货原料涨发实例

1. 木耳（包括黑木耳、白木耳）

将干木耳加冷水浸泡，使其缓慢地吸水。待其体积充分膨大后，除根，洗干净即成。涨发一般需 2 h 左右，冬季或急用时可用温水泡发。一般 1 kg 干货原料可涨发成 8~10 kg 湿料。

2. 香菇

将干香菇放入容器内，倒入 70℃左右温水，加盖泡 2 h 左右使其内无硬茬。然后顺一个方向搅动，使菌褶中的泥沙落下，片刻后将香菇捞出。原浸汁水可滤渣后留用。

香菇需用热水浸泡，因为香菇细胞内含有核糖核酸，受热（70℃）后分解成 5'-鸟苷酸。5'-鸟苷酸味鲜（相当于味精鲜度的 160 倍）。若用冷水浸泡则核糖核酸酶的降解活力很强，可使鸟苷酸继续分解成核酸，失去鲜味。但若用 70℃以上热水则使核糖核酸酶失去活性。若用沸水则易使香菇外皮产生裂纹，使风味物质散发流失。

3. 口蘑

口蘑先用温水浸泡 0.5 h 左右后捞出，转用温水轻揉搓刮，洗去泥沙。将原汁滤去沉渣杂质，投入洗后的口蘑浸泡。

4. 猴头菇

猴头菇先用温水浸泡 3 h 左右捞出，去老根、洗去尘沙后放入容器内，加葱段、姜块（拍松）和料酒入笼蒸 2 h 左右即成。

5. 玉兰片

玉兰片是笋干中较嫩的干货原料，不能用一般的笋干涨发法。先将玉兰片放入淘米水中浸泡 10 h 以上至稍软，捞出放入冷水锅中煮焖至软，取出后片成片，放入盆中加沸水浸泡至水温凉时再换沸水浸泡。如此反复几次，直到笋片泡开发透为止。最后捞出转用冷水浸泡备用。

如是涨发桃片，因其根部较大，可将根部切成较小的片放入冷水锅煮沸后，继续用小火煮 0.5 h 后捞出，转用冷水浸泡备用。一般 1 kg 干玉兰片可发成 5~6 kg 湿料。

6. 黄笋干

黄笋干又名板笋，是笋中较坚硬的一种，其质地比玉兰片粗老。在涨发时先用冷水泡软，转放冷水锅中，以大火煮至回软，再焖 1 h 左右捞出，切薄片浸泡备用。涨发过程中浸、煮、焖结合，直至发透为止。一般 1 kg 干货原料可涨发成 7~8 kg 湿料。

7. 绿笋

绿笋外形如细小的竹竿节，呈淡绿色，有咸、淡两种，多用春笋制成。涨发时用温水浸泡，多次换水涨透即可。不可浸泡过度，否则有酸竹味出现。

8. 莲子

将干莲子放入沸水锅中，加食用碱（每 500 g 干莲子加碱 25 g 左右），再用竹扫帚不停地在锅中搓莲子的红皮衣。见水呈红色时即转放另一沸水锅中，仍不停地搓尽莲子红衣。然后用热水浸泡后，削去两端，用竹扦捅出莲心，加冷水入笼蒸 20 min 左右取出，放水中浸泡待用。一般 1 kg 干货原料可涨发成 2~3 kg 湿料。

9. 银杏

银杏又名白果，为江浙一带特产。涨发时先将银杏用水冲洗后，砸至外壳裂开，入冷水锅煮熟。然后去外壳和红皮衣，将果仁放入热水中，加食用碱（1 kg 银杏仁加 20 g 碱），迅速用刷子来回搓刷，直至皮净为止。再用手挤出内芯，将银杏仁放入盆内，加清水蒸 15 min 左右，以蒸透为好。一般 1 kg 干货原料可涨发成 2 kg 左右湿料。

10. 发菜

先拣去发菜中的杂质，然后用温水浸泡至回软。缓用时可用冷水浸泡，再用冷水漂洗干净即成。

11. 粉丝

粉丝是由淀粉加工而成的干货原料，涨发时用热水浸泡至软即可使用。绿豆粉丝可用热水，其他淀粉粉丝水温可略低一些，浸泡时间短些。

（二）动物性干货原料涨发实例

1. 猪蹄筋

猪蹄筋的涨发方法有多种，如油发、水发、水油混合发及盐发。

（1）油发　将猪蹄筋放入冷油或温油锅中，油量宜多。将油温逐渐升高，同时用手勺不断搅动。待蹄筋漂起并有气泡产生时，将锅端移火口，用余热焐透蹄筋。待蹄筋逐渐缩小，气泡消失后，再继续加热。可反复数次。待全部涨发、松脆膨胀后捞出沥干油，放入热碱液中浸泡 15 min 左右，捞出漂洗干净即可。油发蹄筋涨发率高、时间短，但口感稍差些。一般 1 kg 干货原料可涨发成 4~5 kg 湿料。

（2）水发　将猪蹄筋用淘米水浸泡稍软，捞出后放在沸水盆中，继续浸泡数小时至回软。再放入盆中，添加鲜汤、姜片、葱段、料酒，上笼用旺火沸水较长时间蒸至无硬心即成。水发蹄筋色白，口感糯、韧，弹性足，但涨发率略低，存放时间较短。一般 1 kg 干蹄筋能够涨发成 2~3 kg 湿料。

（3）水油混合发　具体过程是先用油发的方法将猪蹄筋涨发至起小泡但尚未发透时捞出，转放入冷水锅中煮发。用小火煮焖数小时，直至发透为止。最后用热碱水漂去油腻杂质，用温水漂净备用。一般 1 kg 干货原料可涨发成 4~5 kg 湿料。

（4）盐发　将锅中粗盐用中火加热，焙干水分，放入猪蹄筋翻炒，直至听到轻微爆声改用微火炒。炒焖结合，直至全部鼓起并膨松后取出。再用热碱水浸泡至回软，温水漂净即可。一般 1 kg 干货原料可涨发成 5 kg 湿料。

猪肉皮，羊、鹿蹄筋的涨发方法与猪蹄筋相似，以油发和水发为多。牛蹄筋质地较粗硬，油发才能使其较彻底地膨松涨发，故其他涨发方法不适宜。在具体操作中，一定要根据干货原料的不同性质灵活运用。

2. 蛤士蟆

蛤士蟆亦称中国林蛙，已在北方寒冷地区人工养殖，其肉体和蛤士蟆油（雌蛙输卵管的干制品）分别是两个可食用部分。

将蛤士蟆用水洗净，再用温水泡软，剖开腹部，取出蛤士蟆油。

（1）将蛤士蟆放入冷水锅煮沸，浸焖数小时，捞出用温水漂洗干净即可。

（2）将蛤士蟆油用温水浸泡 2 h，使之初步回软，除去表面黑筋，洗净，然后装入盛器内加清水蒸透即可。涨发后的蛤士蟆油体积为干货原料的 2~3 倍。

3. 海参

海参的品种较多，质地差别很大，涨发方法也有所不同。目前，行业中以水发较为常见，有些地区也使用火发、油发。

水发海参演示

（1）水发　海参水发应泡、煮结合，多泡、少煮，且视海参的品种与质地而定。如花瓶参、乌条参、红旗参等皮薄肉厚嫩的海参，可用少煮多泡的方法。即先将海参放入干净的陶瓷锅中，加沸水泡 12 h 后换一次沸水。待参体回软时，剖腹去肠并洗净，放入沸水锅煮 0.5 h 后用原水浸泡 12 h，再换沸水烧煮 5 min，仍用原水浸泡。如此反复数次，一般两天即可发透使用。水发涨发时间长，涨发率较高，一般 1 kg 干货原料可涨发成 5~6 kg 湿料。

另外，也可将水发一半程度的海参放入锅中，加上冷水、葱、姜、料酒、生鸡、鸭骨架，用小火烧沸后焖 4~6 h 后捞出。但这种方法涨发率低。热水瓶涨发法是一种简单易行的涨发方法，此法是将海参洗去灰尘，投入热水瓶中，中途换数次沸水，20 h 左右即可使用。热水瓶涨发法是急发的一种，宜选择体形较小的海参。

（2）火发　涨发大乌参等外皮坚硬、肉质较厚的海参时，先用中火将外皮烤焦（要均匀），然后刮除焦面，刮至可见深褐色的肉质时为止。再以冷水浸泡至软，入冷水锅中加热至水沸后，改用小火保温焖 2 h 左右取出。剖腹去肠并洗净后用冷水浸 12 h，换水煮焖 1 h 左右，待参体膨大而有弹性时即可转冷水盆中浸泡备用。一般 1 kg 干货原料可涨发成 4~5 kg 湿料。

海参涨发时的盛器一般不可沾油、碱、盐。油、碱易使海参腐烂，而盐使海参不易发透。涨发过程中应时常检查，发透的海参要随时捞出。

（3）油发　此法使用不普遍，仅在我国少数地区采用，油发的质地、口感不如水发的松软可口，但涨发速度快。此法是先将海参冲洗、晾干，放入温油锅中以小火加热，并不断翻动。待海参膨大时，捞出海参用热碱水洗去油腻，开腹洗净，用热水焖发至完全膨胀，再用冷水浸泡备用。

4. 鲍鱼

鲍鱼的涨发有水煮、水蒸法和碱水发两种。

（1）水煮、水蒸法　先将鲍鱼用冷水浸泡 12 h，刷去污垢并洗净，然后放入冷水锅内焖 4~5 h，直至发透，以回软、用手捏无硬心为好。也可将温水浸泡回软刷洗干净的鲍鱼，放入锅中加鸡骨、葱、姜、料酒和水，蒸 4~5 h。一般 1 kg 干鲍鱼可涨发成 2~3 kg 湿料。

（2）碱水发　用碱水发鲍鱼涨发率高，色泽透明。熟碱水配制：石灰块 50 g、纯碱 100 g，加沸水 250 g 搅匀，待溶解后，加冷水 250 g 搅匀，澄清，取清液（熟碱水）使用。

具体涨发方法是将干鲍鱼用冷水浸泡回软，至无硬心时取出，去杂质并洗净，用刀平片两三刀（形体完整相连，其作用是涨发时易里外发透一致）。然后放入熟碱水中浸泡，每隔 1 h 轻轻搅动一次，见鲍鱼发光发亮、内部已透明时捞出，漂净碱味，换冷水浸泡备用。

5. 鱼皮、鱼唇

鱼皮、鱼唇等海味干货原料均采用水发。一般是先浸泡至软，然后入冷水锅烧沸后用小火煮 15 min 左右，见皮已脱砂即可取出（未脱砂的再煮）。转放温水桶中 6~8 h，取出里外刮洗干净，放入沸水锅中煮焖 1 h 左右，换温水浸泡待用。

6. 鱼肚

鱼肚一般可用油发、水发、盐发等方法。当补品食用的以水发为好，做菜肴的宜采用油发或盐发（因水发易致肉烂，下锅后容易糊化）。

（1）油发　油发鱼肚时要根据鱼肚个体大小、厚薄程度不同，确定油温的高低与涨发时间的长短。体大质厚的先放入温油锅内，用小火浸焖 1~2 h，待其由硬变软时捞出剁成小块后再下锅。下锅后改用旺火，逐渐提高油温，并不断上下翻动，直至涨大发足、松脆为止。体小质薄的鱼肚，可用温油下锅，逐渐加热。待开始涨发时再上下翻动，使其均匀受热、里外发透。将发好的鱼肚用温碱水洗去油腻，用冷水漂洗四五次即成。一般 1 kg 干鱼肚可涨发成 3~4 kg 湿料。

（2）水发　将鱼肚先用冷水浸泡数小时后捞出，入锅加冷水加热，水沸后改小火焖 2 h。然后换水再用小火焖、煮。反复数次，直至用手捏之有弹性，滑而不粘手即可。

（3）盐发　按需要将鱼肚锯切成小块，锅中先放粗盐（是鱼体积的 5~8 倍）干炒至热，然后放入鱼肚用盐埋住加热。待有膨胀声后，及时翻炒，至鱼肚涨大鼓起，一折就断即可。

用盐发的成品色泽不及用油发的明亮，质地不及用水发的柔糯，但操作简单，适于家庭使用。

7. 鱿鱼

干鱿鱼一般采用碱水发、碱面发两种。

（1）碱水发　将鱿鱼（或墨鱼）放入冷水中浸泡至软，撕掉外层衣膜（里面一层衣膜不能掉）和角质内壳（半透明的角质片），将头腕部位与鱼体分开，放入生碱水或熟碱水中，浸泡 8~12 h 即可发透。

如涨发不透可继续浸泡至透，然后用冷水冲洗四五次，再放冷水盆中浸泡备用。

（2）碱面发　将鱿鱼（或墨鱼）用冷水浸泡至软，除去头骨等，只留部分身体。按烹调要求剞上花刀或片，改成小形状，滚匀碱面，放在容器内置于阴凉干燥处。一般经 8 h 即可取出，用开水冲烫至涨发，再漂去碱味即可使用。也可将蘸碱面的鱿鱼存放 7~10 d，随用随取，漂去残留的碱即成。一般 1 kg 干货原料可涨发成 5~6 kg 的湿料。在涨发过程中，切忌用碱泡发时间过长，以免腐蚀鱼体而影响质量。一般鱿鱼呈淡红色或粉红色，肉质具有一定的弹性即为发透。

8. 干贝

将大小均匀的干贝洗净，除去外层老筋后放入容器中，加冷水、葱、姜、料酒，上屉蒸

1 h 左右，以手指能捻成丝状为好。一般 1 kg 干货原料可涨发成 2 kg 左右的湿料。

能力培养

请同学根据干货原料涨发流程，进行原料涨发训练。

活动要求：1. 总结涨发工艺流程。

2. 归纳涨发过程注意事项。

3. 评价涨发原料应用效果。

项 目 测 试

一、填空题

1. 干货原料简称干货或干料，是指对新鲜的动植物烹饪原料采用晒干、风干、_____、腌制等工序，使其 _____，干制而成的易于保存、运输的烹饪原料。

2. 干货原料涨发就是利用干货原料的理化性质，采用各种方法，使干货原料重新吸收水分，最大限度地恢复其原有的 _____、松软、爽脆状态，并除去原料的异味和 ____，使之合乎食用要求的过程。

3. 干货原料的涨发方法主要有水发、油发、_____、_____、火发等。

二、单项选择题

1. 下列干料适宜盐发的是（　　　）。

　　A. 鱿鱼　　　　B. 海参　　　　C. 鱼肚

2. 下列干料适宜油发的是（　　　）。

　　A. 蹄筋　　　　B. 干贝　　　　C. 鱼翅

3. 水发干货原料的传热介质是（　　　）。

　　A. 食油或粗盐　　B. 水　　　　C. 碱溶液

三、判断题

1. 沸水发主要利用热传导，促使干货原料分子运动，吸收水分。（　　　）

2. 油发就是将干货原料放入热油锅内，经过加热使其膨胀松脆达到涨发要求的方法。无须经过碱液、水浸、漂洗，即可加工。（　　　）

3. 盐发的作用和原理与油发基本相同，适用于鱼肚、肉皮、蹄筋等胶质含量丰富的动物性

干货原料。（　　　）

4.适合碱发的干货原料均为海产软体动物，其干制后含水量较低，质地较油发的干货原料略松散，保气性也较差些。（　　　）

四、简答题

1.干货原料涨发的意义何在？

2.干货原料涨发的要求有哪些？

3.叙述常用干货原料的涨发方法及过程，并进行实践。

4.结合实例说明碱发、油发的涨发原理。

5.水发干货原料时，是通过哪三种途径吸水而使原料达到涨发效果的？

6.列举你最熟悉的干货原料，试述其涨发的方法及操作关键环节。

7.试比较猪蹄筋采用油发、水发、盐发三种涨发方法的异同。

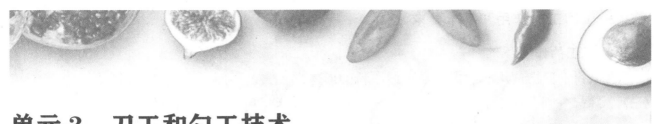

单元3　刀工和勺工技术

中式烹调技艺历经数千年的发展与传承，成为宝贵的非物质文化遗产。其以精于刀法、注重火候而著称。早在盛唐时期，就有刀工方面的专著《砍脍书》，专门记述了基本刀法和花刀技术，如"小晃白""大晃白""凤舞梨花""对翻蛱蝶"。勺工是中餐烹饪调控火候的基本手段，是衡量中式烹调师技术水平的主要标准。烹调过程中，中餐刀工尽显中华文明智慧，中餐勺工则被称为烹饪中最美的"舞蹈"。

本单元的主要内容有：（1）刀工刀法；（2）勺工技术。

项目3.1　刀　工　刀　法

学习目标

知识目标：1. 理解刀工在烹调中的作用。
2. 掌握刀法特点和成形标准。
技能目标：1. 能识别和保养刀工工具。
2. 会运用刀法将原料加工成形。
素养目标：注重勤学苦练以及工匠精神的培养。

一、刀工的作用和原理

所谓刀工，就是运用刀具及相关用具，采用各种刀法和指法，将不同质地的烹饪原料加工成符合烹调形状要求的操作技术。中餐烹饪刀工，吸收了数千年来先人的劳动创造和实践经验，并经后人不断创新及发展总结，终于形成现代烹饪刀法体系，推动了中国烹饪的繁荣发展。

（一）刀工的作用和基本要求

1. 刀工的作用

（1）利于食物食用　绝大多数烹饪原料的形体都较大，不便于直接烹调和食用，需经刀工处理，进行分割，加工成丁、丝、片、条、块等，以达到利于食用的目的。

（2）利于食物加热　中式烹调善于制作旺火速成的菜肴，即用旺火进行短时间加热。形体较大、较厚的原料不便于迅速加热至成熟。经刀工处理，将原料形态改小，才能适合快速加热、短时间成熟的烹调方法。

（3）便于食物调味　在使用调料调味时，形体大的原料难以入味，经刀工处理的小型原料则便于调味，利于入味，更利于形成菜肴的风味。

（4）美化菜肴形态　刀工对菜肴的形态和外观起着决定性的作用。经刀工处理后，可丰富菜肴形态，增加菜肴的花色样式，达到美观与实用的效果。尤其是运用剞刀法，在原料表面剞上各种刀纹，经过加热后便会卷曲形成花式菜肴，使菜肴形态丰富多变，达到美化菜肴形态的作用。

（5）丰富菜肴品种　刀法运用是丰富菜肴品种的主要形式和途径。运用烹饪刀法，可以把各种质地、色泽的原料，加工成各种花式形态，再辅以拼摆、镶、嵌、叠、卷、排、扎、酿、包等手法，即可制成造型优美、生动别致的菜肴。

（6）改善菜肴质感　动物性原料的粗细纤维和结缔组织及肉中的含水量，都是影响其质地鲜嫩与否的主要因素。菜肴质嫩的效果，除了依靠相应的烹调方法及挂糊、上浆等施调手段以外，也可通过机械力达到。例如，运用刀工技术将各种动物性烹饪原料加工（采用切、剞、捶、拍、剁等方法）成形，剞上刀纹使纤维组织断裂或解体，扩大原料的表面积，从而使更多的蛋白质亲水基团暴露出来，增强肉的吸水性，烹制后，即可取得肉质嫩化的效果。

2. 刀工的基本要求

（1）整齐划一　经刀工处理的原料形状和花式形态，要整齐美观、均匀一致。无论是丁、丝、条、片、块、粒，还是其他任何形状，都应做到粗细、长短相同，以利于原料在烹调时受热均匀，并使各种味道恰当地渗入菜肴内部。如果成形后的原料形态杂乱、有薄有厚、粗细不均，必然会造成原料受热、入味不一致，还会有夹生、老韧等现象，严重影响菜肴质量。

（2）断连分明　运用烹饪刀法，加工的原料不仅要美观整齐，还要做到成形的原料断面平整不出毛边，断连分明，刀口规范标准，不应似断非断、藕断丝连。原料需要连刀做剞刀法处理，要求刀距宽窄、刀痕深浅、倾斜角度都相应一致，不可违反常规、任意而行。

（3）配合烹调　刀工和烹调作为烹饪技术一个整体中的两道工序，相互制约又相互影响。原料的形态标准，一定要适应烹调方法的需要。如熘、爆、炒的烹调方法，要求加热时间短、旺火速成，这就要求所加工的原料形态以细、小、薄为宜。焖、烧、炖、扒等烹调方法，因为加热时间长，火力较小，要求所加工的原料形态以粗、大、厚为宜。配料的成形体积和形状，要配合主料的体积和形状，而且在一般情况下配料要小于主料、少于主料，以突出主料，否则会造成喧宾夺主的后果。

（4）合理应用　在刀工操作中，刀法应用必须合理，要适用不同质地的原料，使刀法发挥出应有的效力。加工各种质地的原料，要采用相应的刀法。一般情况下，如用韧性的肉类原料切片时，应采用推切或推拉切；切质地松散或蛋白质变性的原料时（如面包、酱肉），应采用锯切等。可见，选用恰当的刀法能使切制出的原料刀口整齐、省时省力；否则，原料容易破碎，松散不成形，质量难以保证。

（5）物尽其用　在刀工岗位，要充分考虑原料的用途和原料选择，落刀前要做好分割计划，做到充分利用原材料，不要盲目下刀，以免造成原料浪费。要有绿色环保意识，对加工过程中产生的碎料，都要物尽其用。

（二）刀工的基本原理

刀法是指使用刀具的各种方法。而要灵活运用各种刀法，又必须选用与之适应的刀具。在重力及外力（人的作用力）的作用下，按照烹调方法的基本要求，将烹饪原料加工成各种形状，尽管运用刀法和刀具不同，原料形态质地各异，但对原料产生的作用是一致的。刀工的基本原理即在于此。

1. 刀刃锋利与力的关系

刀刃锋利有两种含义：一是指刀具的刀刃很薄；二是指刀刃与被切原料的接触面积很小。刀具在没有打磨时能看到刀刃处有一条白线，这条白线就是刀刃锋口。随着对刀刃的不断磨砺，这条白线逐渐变得肉眼看不见了，这就是人们所称的刀刃锋利。

刀工常用的直切，是指将刀具沿垂直方向切下。当刀刃锋利的刀具的厚薄合适时，便很容易克服阻力（纤维阻碍物）将原料切开。从压强的计算公式为压强＝力／面积中可以看出，当力固定不变时，刀刃与原料接触的面积越小，产生的压强也就越大。当压强达到一定强度时，就会超过原料断裂强度，从而使原料断裂。当切断原料所需要的压强固定不变时，刀刃与原料接触的面积越小，施加在刀具上的力也就越小。即刀刃越锋利，切断原料也就越省力。

2. 刀具质量、薄厚与力的关系

薄刀与厚刀，轻重是各不相同的。使用这两种类型的刀去砍性质相同的坚硬带骨的原料，如做功时的速度及砍原料的作用时间、施加的力都固定不变，这时所产生的效果却是不相同的。采用薄刀（片刀）砍剁时，刀刃处所受的压力很大。因此，刀刃处受到冲击而形成缺口，原料也不容易被砍断。采用厚刀（砍刀）砍剁时，原料很容易被砍断。主要原因是：刀的重量越重，运动惯性也越大，所产生的冲力要比施加在刀具上的外力大很多，因而就省力。所以，在砍剁原料时采用的刀具都有厚背、厚刀膛、大尖劈角的特点，以增加刀的重量为目的。

3. 刀法与力的关系

任何一种刀法，都是在外力的作用之下，沿着力的方向而做功的，由于所施外力方向的不同，刀刃锋口的作用点也不同。所谓作用点，就是刀刃锋口将原料断开或剖开时，完成做功的有效部位。在运用刀法切料的过程中，作用点根据所施外力方向不同而变化。刀刃锋口是怎样通过作用点把原料切断，并完成做功的呢？刀刃锋口受力的大小，首先决定于操作者所施的外力。其次取决于刀具的重力。所施外力越大，在作用点处所做的功就越大。然而，由于一些刀法在实际应用过程中有很多不可能运行的距离，从而使其难以在短距离内达到较高的速度，这样也就不能在作用点上产生理想的作用力。例如直切刀法，操作时左手按原料，右手持刀，并用左手中指指背第一关节的部位抵住刀膛，通过加在刀具上的外力——垂直力，使刀具沿力的方向垂直落下，作用点在刀刃锋口的前端接触原料的部位。这种刀法由于受到中指背关节的限制（保护作用）而不能抬刀过高，因此使刀具的运用距离相应缩小，加在刀具上的外力自然也就较小。直切刀法只适用于加工各种脆性原料，而不适用于韧性原料。这是因为韧性原料断裂强度大，直切时加在刀具上的外力受到运行距离小的限制，不能使外力得到充分施展，所以很难切断韧性原料。如果采用推切或拉切刀法，就可以使直切刀法解决不了的问题迎刃而解了。推切或拉切刀法，刀是向斜下方运行的，所用的外力和水平力相结合，作用点自刀刃锋口的前部移动到中部，从而使刀具有较长的运行距离，产生较高的运动速度。刀具有了较高的运动速度以后，在作用点上也就产生了较大的作用力，断裂强度大的韧性原料也就容易被切断了。

二、刀工使用的工具

"工欲善其事，必先利其器"。选择刀具是刀工过程中第一个需要解决的问题。刀具的质量优劣，使用是否得当，都将关系到菜肴的形态和标准。此外，烹饪原料加工过程中，还需要有与刀具相配合的优质砧板和磨刀石。所以，能够识别并选择烹饪刀具，做好刀具保养，会运用适宜的刀具刀法等，是一名优秀烹调师必须掌握的基本知识。

（一）刀具的种类和保养

餐饮行业所使用的刀具种类繁多，各地的刀具外形也存在差异，体积、重量也各有不同，但其用途是基本相似的。刀具的种类和用途是刀工技术中重要的基础知识。

1. 刀具的种类

由于菜肴的品种繁多，原料的质地各不相同，烹调师只有掌握各种刀具的性能和用途，并结合原料的质地特点，选用适合的刀具，才能保证原料成形后的规格和质量。

按刀具的用途，可以划分为四类：片刀（又称批刀）、砍刀（又称劈刀、斩刀、骨刀、厚刀）、前片后剁刀（又称文武刀）和特殊刀。

（1）片刀　重 500~750 g，轻而薄，刀刃锋利，是切、片工作中最主要的工具，适宜切批经精选的无骨动物性、植物性烹饪原料。这类刀具形状很多，常用的有：圆头刀，如图 3-1 所示；方头刀，如图 3-2 所示；羊肉刀，如图 3-3 所示。

图 3-1　圆头刀　　　　　图 3-2　方头刀　　　　　图 3-3　羊肉刀

（2）砍刀　重 1 000 g 以上，刀背宽、刀膛厚，利于砍劈时发力，适用于砍骨或体积较大的坚硬原料。主要有以下两种：长方刀，如图 3-4 所示；尖头刀，如图 3-5 所示。

图 3-4　长方刀　　　　　　　　图 3-5　尖头刀

（3）前片后剁刀　重 750~1 000 g，刀刃的中前端近似于片刀，刀刃的后端厚而钝，近似于砍刀，应用范围较广。既宜于片、切，也宜于剁，刀背还可捶茸。刀刃的中前端适宜片、切无骨的韧性原料，也适用于加工植物性烹饪原料；后端适用于剁带骨的原料（只能剁小型带骨的原料，如鸡、鸭、猪排）。这种刀具的形状也很多，常用的有以下几种：柳刀，如图 3-6 所示；马头刀，如图 3-7 所示；剔刀，如图 3-8 所示。

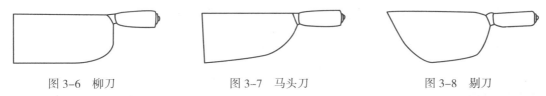

图 3-6　柳刀　　　　　　图 3-7　马头刀　　　　　图 3-8　剔刀

（4）特殊刀　重 200~500 g，其刀身窄小但刀刃锋利，刀身轻而灵便，具有多种用途，主要用于对原料的粗加工，如刮、削、剔、剜。这种类型的刀具形状很多，常用的有：烤鸭片刀，如图 3-9 所示；刮刀，如图 3-10 所示；镊子刀，如图 3-11 所示；牛角刀，如图 3-12 所示。

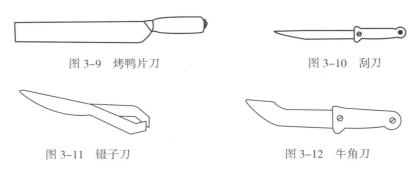

图 3-9　烤鸭片刀　　　　　　　图 3-10　刮刀

图 3-11　镊子刀　　　　　　　图 3-12　牛角刀

2. 刀具的保养

工作中，经常出现刀具破损现象。所以，刀具的保养是确保刀工质量的前提，也可延长刀具使用寿命。刀具使用过程中，要做到以下几点：

（1）刀具使用后必须用洁布擦干刀身两面的水分，特别是咸味或带有黏性的原料（如咸菜、藕、菱）时，粘在刀身两面的鞣酸，容易使刀面氧化发黑生锈，腐蚀刀具，故用后必须用清水洗净擦干。

（2）刀具使用后，必须固定挂在刀架或刀箱内，避免碰撞硬物损伤刀刃。

（3）遇到潮湿的季节，可在刀身两面涂上植物油以避免生锈腐蚀。

（二）砧板的种类和保养

砧板又称菜墩、砧墩，是使用刀具对烹饪原料进行加工时的衬垫工具。

1. 砧板的种类

随着绿色环保意识对餐饮行业的影响，砧板的选择趋于以材质类型、实际应用和卫生保养等参考标准作为选择依据，砧板主要分为木质砧板、树脂砧板、竹质砧板等。

（1）木质砧板 传统的砧板以选择木质材料居多，可选择柳树木、椴树木、银杏树木（白果树）、榆树木、橄榄树木等材料锯制而成。砧板的尺寸高为 20~25 cm，直径为 35~45 cm。这些树木的质地坚实、木纹细腻、密度适中、弹性较好、不损刀刃。但树木生长成本较高，且木质砧板卫生清理和保养措施较为烦琐。

（2）树脂砧板 是以食品级塑料材质为原料，通过化学工艺合成的。其无毒、无味，色泽明亮，质地坚实，表面平整。另外，树脂砧板可避免滋生细菌，利于卫生清理，已在现代厨房中广泛应用。但树脂砧板不耐高温，要避免高温食材的应用。

（3）竹质砧板 是以竹制品加工而成的，重量相对较轻，绿色环保，利于挪动，适用于加工小型动植物原料，适合家庭使用。竹质砧板不宜砍、剁形状较大的烹饪原料。

2. 砧板的保养

砧板的选择
与保养

砧板保养得当，有助于延长砧板的使用寿命。木质砧板在首次使用前，要放盐水中浸泡数小时或放入锅内加热煮透，使其木质疏松，纹理细腻，以免砧板干裂破损，从而达到结实耐用的目的。砧板使用之后，要用清水清洗，刮净油污，保持干爽清洁。砧板要存放在干燥通风处防止墩面腐蚀。使用砧板时，应保持砧板磨损均匀一致，防止砧板表面凹凸不平，影响刀法的施展发挥（砧板表面凹凸不平，原料不易切断）。砧板表面不可留有油污，防止加工原料时滑动，否则会影响切配质量，伤害自身和他人，同时也影响食品卫生标准。木质砧板使用一段时间后，要主动修正、刨平，保持砧板表面平整。

（三）磨刀石的种类及应用

磨刀石，即磨砺烹饪刀具保持其锋利耐用的工具。

1. 磨刀石的种类

磨刀石有天然磨刀石和人工磨刀石两大类。

（1）天然磨刀石　天然磨刀石采用天然石料，雕琢后呈长方形，一般长约40 cm、高约15 cm、宽约12 cm。天然磨刀石又可分为两种：一种为粗石，其主要成分是黄沙，颗粒较粗，质粗较硬；一种是细石，主要成分是青沙，颗粒细腻，质地细软，硬度适中。

（2）人工磨刀石　人工磨刀石采用金刚砂人工合成，质地软中带硬，有粗细之分，种类、型号、尺寸不等，各有专门用途。磨砺烹饪刀具时，一般选用长约20 cm、宽约5 cm、高约3 cm的粗、细磨刀石。这种磨刀石体积较小，方便使用。

2. 磨刀石的应用

磨刀石按照其表面粗细程度和摩擦力特点，分为粗磨刀石和细磨刀石。

（1）粗磨刀石　石质粗糙，摩擦力大，适用于新刀开刃和缺刃刀具的打磨。

（2）细磨刀石　石质细腻、光滑，刀具经粗磨后，再转用细磨刀石磨快刀刃锋口。

一般要求粗、细磨刀石结合使用。先用粗磨刀石，再用细磨刀石，这样不仅效果好，刀具更加耐用，并且能够缩短磨刀时间，延长刀具的使用寿命。

3. 磨刀的姿势和方法

为了提高刀工效率，必须使刀刃经常保持锋利的状态。要做到这一点，必须经常打磨刀具。要使刀刃符合实际要求，不仅要有质地较好的磨刀石，而且要有正确的磨刀姿势和方法。

（1）磨刀的姿势　磨刀时要求两脚分开，前腿稍弓、后腿紧绷，胸部略向前倾，收腹、重心前移，两手持刀，意守双手，目视刀刃，如图3-13所示。

磨刀演示

图3-13　磨刀姿势

（2）磨刀的方法　首先将磨刀石固定位置，高度以操作方便、运用自如为准。磨刀时右手握住刀柄前端，左手握住刀背前端直角部位，两手持稳刀，将刀身端平，刀刃朝外，刀背向里，刀具与磨刀石夹角为3°~5°。

磨刀需按一定程式进行：刀向前平推（刀膛与磨刀石呈平行状态）至磨刀石尽头，然后向后提拉，与磨刀石的夹角始终保持3°~5°，切不可忽高忽低。向前平推是磨刀膛，向后提拉是磨刀锋口。无论是前推还是后拉，用力都要平稳一致。当磨刀石面起砂浆时，需淋水再磨。磨刀时重点放在刀刃部位。刀刃的前、后、中端部位都要均匀地磨到。磨完一面后，再换手持刀具，打磨另一面，这样才能保证磨完的刀刃平直锋利，符合要求。

（3）刀刃的检验　检验刀具打磨效果，一种方法就是将刀刃朝上，两眼直视刀刃，如果刀刃锋口看不见白色光泽，就表明刀刃已经磨锋利了。如果有白痕，则表明刀刃尚有不锋利之处。另一种方法是把刀刃放在大拇指甲上轻轻一拉，如有涩感，则表明刀刃锋利；如感觉光滑，则表明刀刃还不够锋利，仍需继续打磨。

能力培养

刀具打磨训练

准备案台、刀具、磨刀石、毛巾，按照：选用磨刀石→打磨方法角度→控制磨刀力度→检验打磨效果，进行刀具打磨训练。

活动要求：1. 注意姿势、动作标准规范。

　　　　　2. 注意刀具安全和打磨检验。

　　　　　3. 注意保持环境卫生。

答疑解惑：如何保证刀具打磨的质量

刀具在打磨过程中，可根据刀具情况，选用磨刀石（磨刀石有粗细之分）。打磨刀膛时，应选择粗磨刀石，可以提高打磨的工作效率；打磨刀刃时应选用细磨刀石，以免打磨时卷刃。在打磨刀具时，要注意对刀尖的保护。刀尖部位较薄，打磨时易造成损伤，刀尖损伤易导致切配原料时出现"连刀现象"。

为保证打磨质量，要保持磨刀石的平整摆放和打磨角度。推送刀具时，要超过磨刀石前端，磨刀石也要不时地调转方向，保证推拉刀具时的力度一致。另外，打磨刀具时要耐心细致，不要急于求成，这样才能打磨出符合要求的刀具。

三、刀工操作的基本姿势

刀工操作的姿势是中式烹调师刀工水平的一项重要评价标准。主要包括：站案姿势、握刀手势、扶料手势和指法。

（一）站案姿势

标准的站案姿势，身体要保持自然正直，头要端正，两眼要注视双手操作的部位。腹部与砧板保持 10 cm 左右的距离。砧板放置的高度以操作者身高为调节依据，以不耸肩、不斜肩，双肩关节自感轻松得当，利于操作为度。站案脚法姿势有两种：一种是双脚自然分开与肩同宽，呈外八字形；另一种是呈"稍息"姿态，俗称"丁字步"。可根据外在环境和个人习惯进行选择，但要始终保持身体重心垂直于地面，使重力分布均匀，这样有利于控制上肢施力和集中用力的方向，如图 3-14 所示。

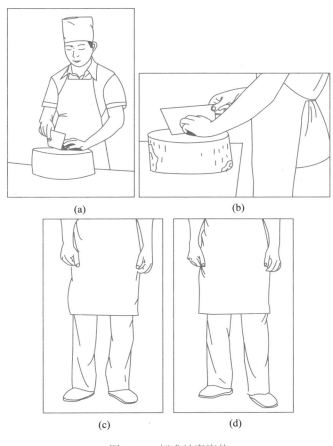

(a)   (b)

(c)   (d)

图 3-14　标准站案姿势

（二）握刀手势

在刀工操作过程中，握刀的手势与原料的质地和采用的刀法有关。根据刀法的运用，灵活采用握刀手势。但握刀要保证稳、准、有力，以握牢而不失灵活、轻松且易于腕部施力为好。正确握刀的手势如图 3-15 所示。

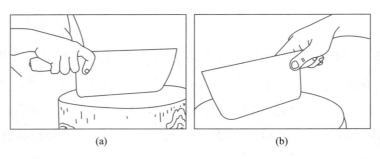

(a)   (b)

图 3-15　握刀手势

（三）扶料手势及指法

中餐烹饪刀工操作中，手指是计量切割原料的"尺子"。通过扶料手势和指法的有效运用，为刀法的标准实施提供参照依据。使用标准规范的扶料手势和指法，是提高刀工技能、保证刀工质量的重要环节。

1. 扶料手势

左手扶稳原料时要五指合拢，自然弯曲呈弓形，中指指背第一关节凸出并顶住刀膛，保证原料不会移动，手掌后侧及大拇指外侧紧贴砧板或原料，起到支撑作用，如图 3-16 所示。

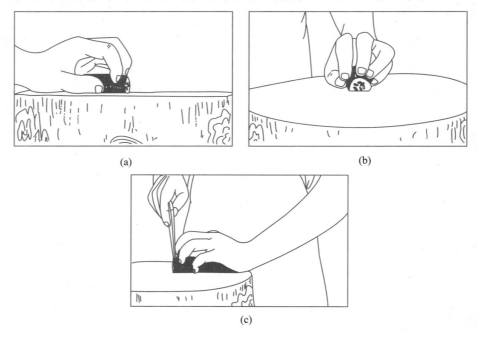

(a)   (b)

(c)

图 3-16　扶料手势

2. 指法

根据烹饪原料的质地特点和刀工运行节奏，指法可归纳为连续式、间歇式、交替式、变换式四种方式。

（1）连续式　连续式的起势为五根手指合拢，手指弯曲呈弓形，用中指第一关节紧贴刀膛保持固定的手势，向左后方连续地移动。运刀距离可根据加工需要灵活调整。这种指法中途很少停顿，速度较快，主要适用于切割脆性烹饪原料。

（2）间歇式　间歇式的起势与连续式指法相同。移动时四根手指一同朝手心方向移动。当行刀切割原料 4~6 刀时，手势呈半握拳状态，稍一停顿重心点就落在手掌及大拇指外侧部位。然后，其他四根手指不动，手掌微微抬起，大拇指相随，向左后方移动。恢复自然弯曲状态时，继续行刀切割原料，如此反复进行操作。间歇式的指法适用范围较广，切割动物性烹饪原料、植物性烹饪原料时均可采用。

（3）交替式　交替式的起势呈自然弯曲状态，以中指紧贴刀膛，并保持固定的手势。中指顶住刀膛，轻按原料不抬起。食指、无名指和小拇指交替起落（起落的高度均在 3 mm 左右），大拇指外侧作为支撑点，手掌轻贴原料，手的重心全部集中在大拇指外侧指尖部位。手掌向左后方向缓慢移动，并牵动中指和其他三根手指一起向左后方移动，动作要求连贯不停顿。这种指法难度较大，工作中具有动作小、节奏感强，有较高的稳定性，控制运刀距离较为准确，切出的原料均匀一致等优点。这种指法主要适宜剁肉丝、鸡丝（实则是直切）等多种刀法的运用。

（4）变换式　变换式是综合利用或交换使用连续式、间歇式、交替式的指法。有些韧性的烹饪原料，因质地老、韧、嫩联结为一体，单纯使用一种指法有时难以完成，不能保证切的原料达到均匀一致的效果。因此，需要视原料的质地，灵活运用各种指法有效地控制运行刀距。

能力培养

刀工姿势训练

准备刀具、砧板等工具。按照：工具摆放→站案姿势→握刀手势→扶料及指法，进行刀工姿势训练。

活动要求：1. 注意动作、姿势规范。

2. 模拟连续式、间歇式、交替式、变换式指法训练。

3. 注意安全和卫生意识培养。

四、刀法

中餐烹饪注重刀法的运用，根据刀刃与砧板接触的角度和刀具的运行规律划分烹饪刀法，主要分为直刀法、平刀法、斜刀法、剞刀法等。

（一）直刀法

直刀法指刀具与砧板保持垂直运动的刀法。这种刀法按照用力的程度，可分为切、剁、砍等。

1. 切

（1）直刀切（又称跳切）　刀具与砧板保持垂直，刀具垂直上下运动，将原料切断的刀法。直刀切主要适用于加工嫩脆性的植物性原料，切成丝、条、片、粒等形状。

操作方法　左手扶稳原料，右手持刀腕部灵活自如，用刀刃中前端对准原料被切位置，刀垂直上下起落，运用指法控制刀距切断原料，如图 3-17 所示。

直刀切演示

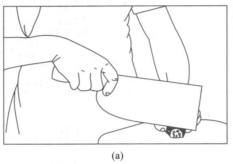
(a)
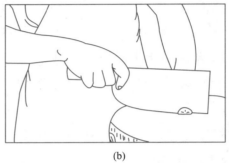
(b)

图 3-17　直刀切

技术要领　左手运用指法向左后方移动，距离要相等，两手协调配合要自如。刀具在运行时，不可里外倾斜。刀具作用点要保持在刀刃的中前端部位。

适用原料　适合加工嫩脆性原料，如白菜、鲜藕、莴笋、冬笋、萝卜。

（2）推刀切　刀具与砧板垂直，运行时刀具自上而下沿右后方向左前方推进，切断原料的刀法。这种刀法主要适用于加工细嫩而有韧性的原料。

操作方法　左手扶稳原料，右手持刀，用刀刃的前端对准原料被切位置。刀具自上而下落刀，同时刀具沿右后方朝左前方推刀切断原料，如图 3-18 所示。

推刀切演示

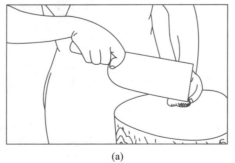
(a)
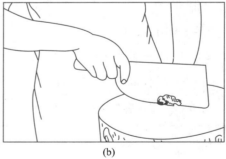
(b)

图 3-18　推刀切

技术要领　左手运用指法向左后方向移动，移动距离相等。刀具在运行切割原料时，要通过右手腕的起伏摆动，使刀具产生一个小弧度，从而加大刀具在原料上的运行距离。使用刀具要有力，避免连刀不断的现象。

适用原料 适合加工韧性原料，如无骨的猪、牛、羊等动物性原料，以及火腿、海蜇、海带等。

（3）拉刀切 拉刀切是与推刀切相对的一种刀法。操作时，要求刀具与砧板垂直，用刀刃的中后部位对准原料被切的位置，刀具由上至下，从左前方至右后方运动，将原料切断。这种刀法主要适用于加工体积小、质地嫩、容易破碎的原料。

操作方法 左手扶稳原料，右手持刀，用刀刃的后端对准原料被切的位置。刀具由上至下，自左前方至后方向运动，用力将原料拉断开，如图 3-19 所示。

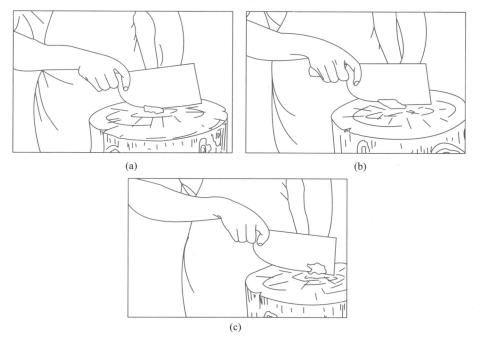

拉刀切演示

图 3-19 拉刀切

技术要领 左手运用指法向左后方向移动，要求刀距相等。刀具在运行时，应通过手腕的摆动，使刀具在原料上产生一个弧度，从而加大刀具的运行距离。使用刀具要有力，一拉到底，避免连刀现象，将原料均匀地拉切断开。

适用原料 适合加工形状较长，韧性较弱的原料，如里脊肉、猪肝、熟鸡脯肉。

推拉刀切演示

（4）推拉刀切 是将推刀切与拉刀切连贯起来运用的刀法。操作时，刀具先向左前方行刀推切，接着再行刀向右后方拉切。一前推一后拉，迅速将原料断开。这种刀法效率较高，主要适用于将韧性原料加工成丝、片等。

操作方法 左手扶稳原料，右手持刀，先用推刀的方法切断原料，再运用拉切的刀法将后面的原料切断。如此将推刀切和拉刀切连接起来，反复操作。

技术要领 掌握推刀切和拉刀切的刀法要领，再将两种刀法连贯起来应用。切长丝时，为提高刀具运行距离和速度，可以采用"虚推实拉"的动作要领，增加刀具运行距离，完成推拉切操作。

〖适用原料〗 推拉刀切适合加工韧性较弱的原料，如里脊肉、通脊肉、鸡脯肉。

（5）锯刀切 操作时要求刀具与砧板垂直，刀具前后往返运行，向下落刀将原料完全切断。锯刀切主要是把原料加工成片的形状。

〖操作方法〗 左手扶稳原料，右手持刀，用刀刃的前端接触原料被切的位置。刀具在运动时，先向左前方运动，刀刃移至原料的中部位之后，再将刀具向右后方拉回，如此反复运行多次将原料锯断，如图 3-20 所示。

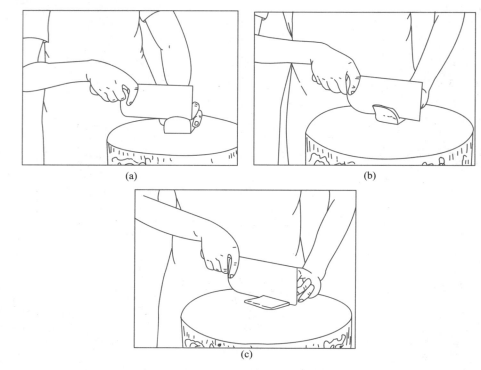

锯刀切演示

(a) (b)

(c)

图 3-20　锯刀切

〖技术要领〗 刀具与砧板要保持垂直，刀具在前后运动时用力要稳，速度要缓慢，动作要轻，注意避免原料因受压力过大而变形或粉碎。

〖适用原料〗 适合加工质地松软的原料，如面包、黄白蛋糕、酱牛肉。

（6）滚料切（又称滚刀切） 刀具与砧板垂直，左手扶料时，原料朝一个方向滚动。右手持刀，原料每滚动一次，采用直刀切或推刀切的方法将原料切断。这种刀法主要是将原料加工成块的形状。

〖操作方法〗 滚料切是通过直刀推切和直刀滚料切加工原料。由于质地原因，主要分为以下两种：

• **直刀推切**（加工韧性原料） 左手扶稳原料，右手持刀，切完一刀后，即把原料朝一个方向滚动一次，用刀刃的前部对准原料，运用推刀切的方法，将原料推切断开，如图 3-21 所示。

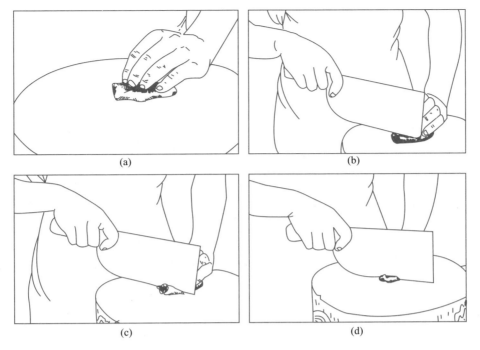

(a)　　　　　　　　　　(b)

(c)　　　　　　　　　　(d)

图 3-21　直刀推切

• **直刀滚料切**（加工脆性原料）　左手扶稳原料，右手持刀，切完一刀后，即把原料朝一个方向滚动一次，用刀刃的前部对准原料，运用直刀切的方法，将原料直切断开，如图 3-22所示。

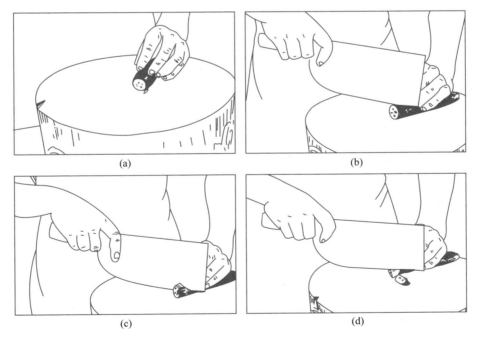

(a)　　　　　　　　　　(b)

(c)　　　　　　　　　　(d)

直刀滚料切
演示

59

单元 3　刀工和勺工技术

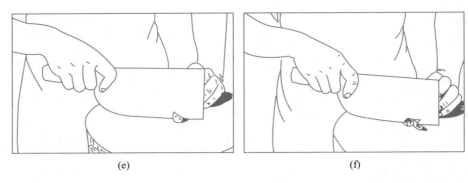

(e)　　　　　　　　　　　　　　(f)

图 3-22　直刀滚料切

技术要领　滚动原料的角度要一致，保证原料成形规格相似。

适用原料　适合加工圆柱形或圆球形的原料，如茄子、冬笋、莴笋。

（7）铡刀切　原料放在砧板上，一手握刀柄，一手握刀背前部，刀身垂直，两手上下交替用力下压的行刀技法。主要适用于将原料加工成末、茸、粒等。

操作方法　左手握住刀背前端，右手握刀柄；刀刃前部垂下，刀具后端翘起，被切原料放在刀刃的中部，反复下压交替运行，直至原料成为标准形态，如图 3-23 所示。

铡刀切演示

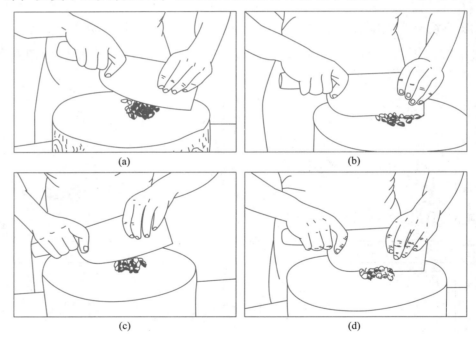

(a)　　　　　　　　　　　　　　(b)

(c)　　　　　　　　　　　　　　(d)

图 3-23　铡刀切

技术要领　操作时两手反复上下抬起，交替由上至下压切，保证原料切配均匀，不飞溅。

适用原料　适合加工形状较小和带骨原料，如蟹、鸡翅、咸鸭蛋。铡刀切可避免原料切配时飞溅，如切辣椒、花椒、花生米。

2. 剁

（1）剁　又称斩，是刀具与砧板或原料保持垂直运动，用力幅度大于切的刀法。剁主要分为单刀和双刀操作，双刀剁又称为排斩。

操作方法 将原料放在砧板中间，右手持刀（或双手持刀），用刀刃的中前部对准原料，腕部发力，剁碎原料。当原料剁到一定程度时，将原料铲起归堆，再反复剁细原料，直至达到形状标准。单刀剁如图 3-24 所示，双刀剁如图 3-25 所示。

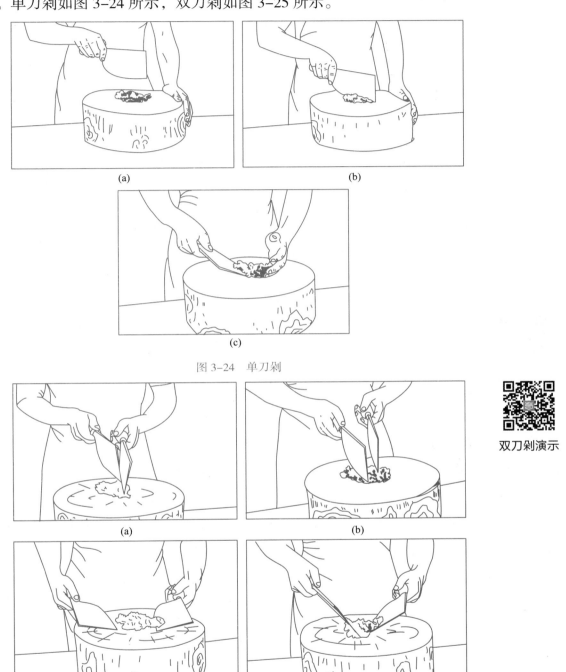

(a)　　　　　(b)

(c)

图 3-24 单刀剁

(a)　　　　　(b)

(c)　　　　　(d)

双刀剁演示

图 3-25 双刀剁

技术要领 操作时，用手腕带动小臂上下发力，同时要勤翻动原料，保证被剁原料均匀细腻。剁要稳、准，富有节奏，剁时抬刀不宜过高，注意砧板卫生。

适用原料 适合加工馅心或颗粒形态的原料，如白菜、葱、姜、蒜、猪肉、虾肉。

（2）刀背捶　操作时右手持刀（或双手持刀），刀刃朝上，刀背垂直上下锤击原料。这种刀法主要用于加工肉茸或破坏原料纤维组织，使肉质疏松，将厚肉片锤击成薄肉片的一种刀法，可分为单刀背捶和双刀背捶。

操作方法　单手或双手持刀，刀刃朝上，刀背锤击原料，直至原料呈茸状或纤维断裂，达到标准厚度为止，如图3-26所示。

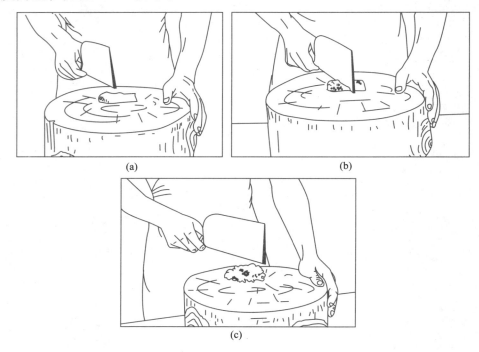

单刀背捶演示

图3-26　单刀背锤

技术要领　刀背要与砧板面平行，加大刀背与砧板的接触面积，勤翻动原料，使之受力均匀，提高工作效率。锤击原料抬刀不要过高，避免原料飞溅。

适用原料　适合阻断纤维或制茸应用，如制牛排、鸡茸、虾茸。

（3）刀尖（根）排　刀具与砧板垂直运动，利用刀尖或刀根，在片形原料上扎排均匀的刀缝，用以斩断筋络，防止原料受热卷曲变形，便于成熟入味。

操作方法　左手扶稳原料，右手持刀，提起刀柄用刀尖或刀根反复扎排刀缝，保证原料形态，如图3-27所示。

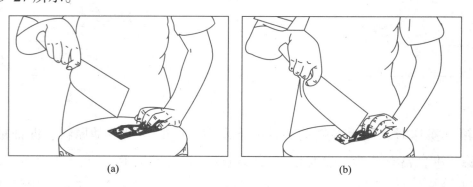

图3-27　刀尖排

技术要领　刀缝间隙要均匀，原料形态要完整。

适用原料　适合加工呈厚片形的韧性原料，如猪排、牛排、鸡脯肉。

3. 砍

砍是直刀法中用力幅度最大的一种刀法，常用于质地坚硬或带骨的原料。砍可分直刀砍、跟刀砍、拍刀砍、拍刀。

（1）直刀砍　手握刀具对准烹饪原料，举起刀具，用力做垂直上下运动，刀落原料断开的刀法。

操作方法　将原料摆放平稳，右手将刀具举起，用刀刃中前部对准原料被砍位置，可以多刀将原料砍断，如图 3-28 所示。

直刀砍演示

(a)　　　　　　　　　(b)

图 3-28　直刀砍

技术要领　要选择专业砍制刀具，右手握牢刀柄，防止刀具脱手；将原料放平稳，左手扶料要远离落刀位置，防止受伤；落刀要有力准确，可以反复砍断原料，但刀口要保证在同一落点。

适用原料　适合加工形体较大或带骨的原料，如整鸡、整鸭、鱼、排骨。

（2）跟刀砍　左手扶稳原料，刀刃垂直嵌牢在原料被砍的位置内，刀具运行时与原料共同上下起落，直至将原料劈断开。

操作方法　左手扶稳原料，右手持刀，用刀刃的中前部对准原料被砍位置，将刀具紧嵌内部。左手持原料与刀具共同举起，用力向下砍断原料，刀具与原料同时落下，如图 3-29 所示。

技术要领　首先确定原料砍断位置，刀刃要紧嵌在原料内部（防止脱落引发伤害）。原料与刀具落下时，利用刀身重力砍断原料，达到节省体力的目的。

适用原料　跟刀砍适合劈鱼头、猪蹄及小型冻肉等。

63

单元 3　刀工和勺工技术

跟刀砍演示

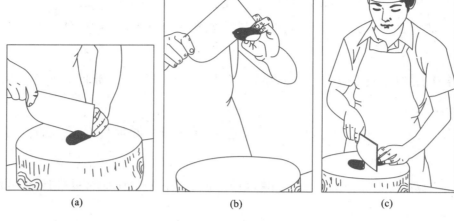

图 3-29 跟刀砍

（3）拍刀砍　右手持刀，将刀刃对准原料被砍的位置，左手半握或伸平掌心拍击刀背，利用压力将原料砍断。这种刀法落刀点误差小，加工形状匀称。

操作方法　左手扶稳原料，右手持刀，并将刀刃对准原料被砍的位置，左手离开原料，用掌心拍刀背将原料断开，如图 3-30 所示。

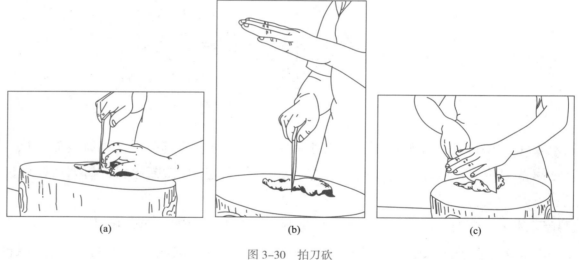

图 3-30 拍刀砍

技术要领　原料要放平稳，拍击刀背时要有力，原料未断时，刀刃不可离开原料，可连续拍击直至原料断开。

适用原料　适合加工形态对称的原料，如鸭头、鸡头、酱鸡、酱鸭。

（4）拍刀　将刀身平端，用刀膛拍击原料。这种刀法主要用于破坏原料纤维或将厚的韧性原料拍成薄片。

操作方法　右手持刀，将刀身端平，刀刃锋口朝右外侧。将刀举起，用刀膛拍击原料，顺势向右前方滑动，脱离原料，以免原料吸附在刀上，如图 3-31 所示。

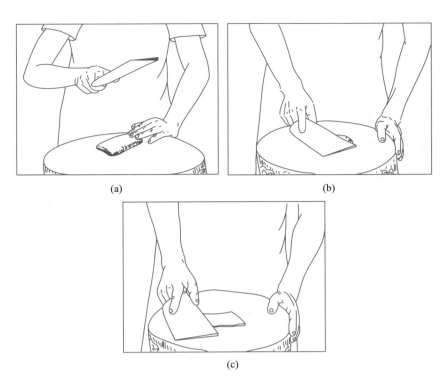

(a)　(b)

(c)

图 3-31　拍刀

技术要领　灵活处理拍击原料的力度，以把原料拍松、拍碎或拍薄为度。用力均匀，一次拍刀未达效果，可反复操作。

适用原料　适合加工葱、蒜、鲜姜等，激发原料味道；动物性腌制原料拍刀可帮助原料入味。

能力培养

"切法" 的操作训练

准备根茎类蔬菜、豆制品和动物性原料、刀具、砧板等原料和工具，按照：查看原料→刀具及刀法选用→原料成形→质量检验，进行"切法"的操作训练。

活动要求：1. 注意动作、姿势规范。

2. 注意操作安全。

3. 注意卫生清理和原料节约。

答疑解惑：在直切刀法操作时，会感觉手臂和腕部疼痛。主要原因：

（1）握刀时过于用力，导致动作较为僵硬。

（2）腕部不够灵活，导致全身用力，而引起手臂僵直疼痛。

（3）握刀的部位过于向前，而导致行刀不够灵活，浪费体力。

（4）刀具不够锋利。

"直刀法"技能在烹饪大赛中接受检验

在全国职业院校技能大赛中，"青椒炒土豆丝"作为中职组烹饪类中餐热菜的基本功项目，主要检验学生对直刀法的运用情况。其不仅对原料的成形标准有明确的要求（宽为0.2 cm的长条形），而且对加工过程中的姿势、安全卫生和原料使用情况都有明确的要求：每位参赛选手现场提供带皮马铃薯约350 g，青椒1个（约50 g），比赛时间为8 min。比赛要求：①严禁使用去皮器；②切丝规格整齐，长短、粗细一致，不能出现切而不断的连刀现象；③成菜色泽白嫩、香脆；④成菜重量不能低于300 g。

（二）平刀法

平刀法是指刀具与砧板平行呈水平运动的刀法。这种刀法可分为平刀直片、平刀推片、平刀拉片、平刀推拉片、平刀滚料片、平刀抖刀片等。

1. 平刀直片

平刀直片指刀膛与砧板呈平行状态，刀具水平直线运行，将原料一层层地片开的刀法。平刀直片主要是将原料加工成片的形状。在此基础上，再运用其他刀法将其加工成丁、粒、丝、条、段等形状。平刀直片根据原料质地，可分为两种操作方法。

（1）软嫩原料平刀直片

操作方法　将原料放在砧板里侧，左手伸直顶住原料一侧避免移动，右手持刀端平，用刀刃中前部从右向左直片进原料，如图3-32所示。

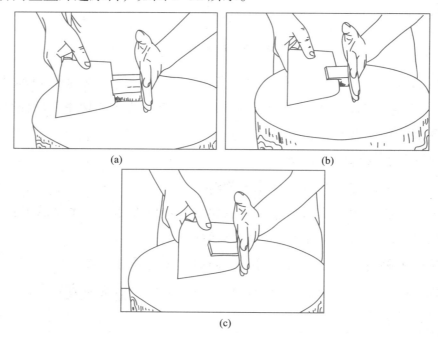

(a)　　　　　　　　(b)

(c)

图3-32　软嫩原料平刀直片

软嫩原料平刀直片演示

技术要领 刀身要端平稳，不可忽高忽低，刀具保持水平直线运行。刀具在运动时，下压力要小，以免将原料挤压变形。

适用原料 适合加工豆腐、鸭血、蛋白糕等。

（2）脆性原料平刀直片

操作方法 将原料放在砧板里侧，左手扶按原料，手掌和大拇指外侧支撑墩面；右手持刀，刀身端平对准原料上端位置，刀从右向左做水平直线运动，将原料片断。然后左手中指、食指、无名指呈弓形，并带动已片下的原料向左侧移动，与下面原料错开 5~10 mm。按此方法，片下的原料片片重叠，呈梯形状态，如图 3-33 所示。

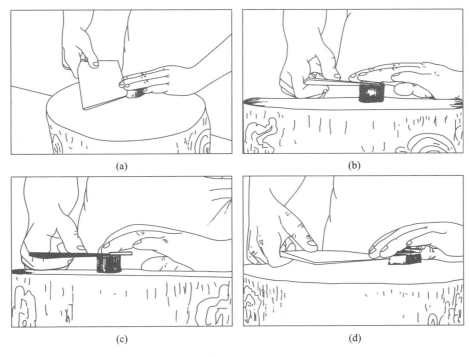

脆性原料平
刀直片演示

(a)

(b)

(c)

(d)

图 3-33 脆性原料平刀直片

技术要领 刀要端平并要保持水平运动，刀膛要紧紧贴住原料从右向左运行，片下的原料完整，薄厚一致。

适用原料 适合加工马铃薯、黄瓜、莴笋、冬笋等。

2. 平刀推片

平刀推片指刀膛与砧板保持平行，刀从右后方向左前方运行移动，将原料一层层片开的刀法。这种刀法主要用于把原料加工成片的形状。在此基础上，再运用其他刀法可将其加工成丝、条、丁、粒等形状。

平刀推片按照原料出片与刀具的位置特点，可分为上片法和下片法。

（1）上片法 即刀具在原料的上方入刀，原料出片在刀具上侧，可以通过视觉判断平刀推片的效果。

操作方法　将原料放在砧板里侧。左手扶按原料，手掌作支撑。右手持刀，用刀刃中前部对准原料上端入刀位置。从右后方朝左前方片进原料，原料片开以后用手按住原料，将刀移至原料右端，刀抽出脱离原料，用中指、食指、无名指捏住原料翻转。然后翻起手掌，将片下的原料贴在砧板上，如图 3-34 所示。

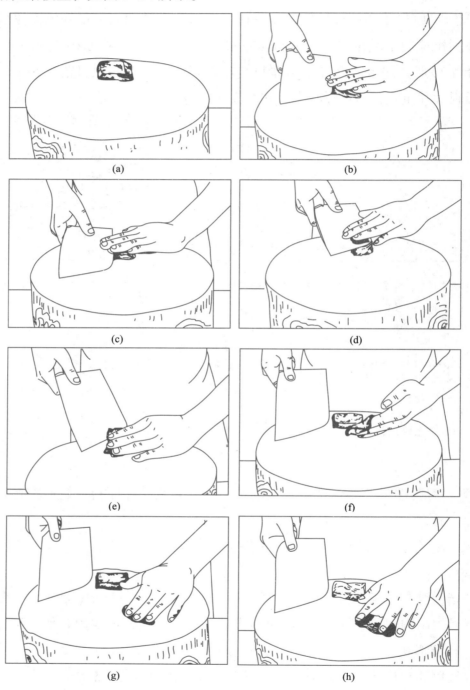

平刀推片上
片法演示

图 3-34　平刀推片上片法

技术要领　刀要水平端稳，用刀膛施压贴紧原料，从始至终动作要连贯紧凑。如果一刀未断，则可连续推片，直至片开原料。

适用原料　适合加工脆性植物原料、韧性较弱或未完全解冻的小型原料，如莴笋、豆腐干、冻肉。

（2）下片法　即刀具在原料下方入刀，原料出片在刀膛下侧，通过刀膛与砧板距离判断平刀推片的效果。

操作方法　将原料放在砧板右侧。左手扶按原料，右手持刀并将刀端平。用刀刃的前部对准原料入刀位置用力推刀，用刀刃的中后部位片开原料。随即将刀向右后方抽出，用刀刃前部将片下的原料一端挑起，左手随之将原料拿起，再将片下的原料放置在砧板上。并用刀的前尖压住原料一端，用左手四根手指按住原料，随即手指分开，将原料舒平展开，使原料平贴在砧板上，如图 3-35 所示。

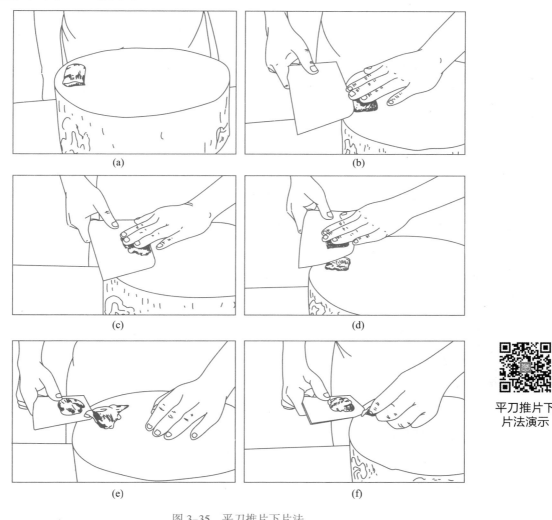

(a)　　　　(b)

(c)　　　　(d)

(e)　　　　(f)

图 3-35　平刀推片下片法

平刀推片下片法演示

技术要领　要按稳原料，防止左右滑动；刀片进原料后，左手要施加向下的压力，运行刀具要保持水平推刀片取原料。

适用原料　适合加工有一定韧性的原料，如里脊肉、颈肉、坐臀肉。

69

单元 3　刀工和勺工技术

3. 平刀拉片

平刀拉片指刀膛与砧板保持平行，刀从左前方朝右后方运动，拉动刀具将原料分开的刀法。此法主要用于成形片状较大的原料，在此基础上，可运用其他刀法将其加工成丝、条、丁、粒等。

操作方法 将原料放在砧板右侧，用刀刃的后部对准原料入刀位置。刀从左前方朝右后方运动，拉动刀具将原料片开。用刀尖挑起片状原料，用左手拿起开片的原料，放在砧板左侧。将原料的纤维拉直并用左手按住原料，手指分开使原料平贴在砧板上，码放整齐。

技术要领 原料要按平按稳，防止滑动。刀在运行时用力要充分均匀，保持刀面水平状态。如果原料一刀未被片开，可以连续拉片，直至片开原料。

适用原料 适合加工韧性较弱的动物性原料，如里脊肉、鱼肉、鸡脯肉。

4. 平刀推拉片

平刀推拉片演示

平刀推拉片是一种将平刀推片和平刀拉片连贯应用的刀法。操作时，刀先向左前方行刀推片，再运行刀向后拉片。应用这种刀法有效率，适合加工形状较大的原料。

操作方法 将原料放在砧板右侧，左手扶按原料，右手持刀，先用平刀推片的方法，起刀片进原料。然后，运用平刀拉片的方法片开原料，将平刀推片和平刀拉片连贯起来。反复推拉，直至原料全部断开为止。

技术要领 掌握平刀推片和平刀拉片的方法，推拉刀具要平稳，左手按压原料要扶稳。运刀时动作要连贯、协调。

适用原料 适合加工形状偏大或韧性较强的原料，如颈肉、蹄筋、腿肉。

5. 平刀滚料片

平刀滚料片又称旋片，要求刀膛与砧板平行，刀从右向左运动，原料向左后、右后不断滚动，将原料加工成长片状，分为滚料上片和滚料下片。

（1）滚料上片

操作方法 将原料放在砧板里侧，左手扶按原料，右手持刀与砧板平行。用刀刃的中前部对准原料上方入刀。左手将原料向右推动，刀随原料的滚动方向片进原料，旋成薄片状，如图3-36所示。

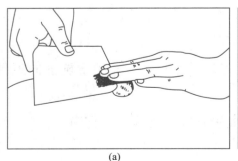
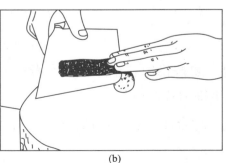

(a)　　　　　　　　　　　　　(b)

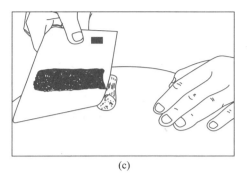

(c)

平刀滚料上片演示

图 3-36　平刀滚料上片

技术要领　刀要端至水平，不可忽高忽低，否则容易片断原料，影响成品规格。刀推进节奏与原料滚动速度要保持一致。

适用原料　适合加工圆柱形脆性原料，如黄瓜、胡萝卜、竹笋。

（2）滚料下片

操作方法　将原料放在砧板里侧，左手扶按原料，右手持刀端平，用刀刃的中前部位对准原料下方，贴近砧板处入刀。用左手将原料向左边滚动，刀随原料片进，直至原料呈长片状，如图 3-37 所示。

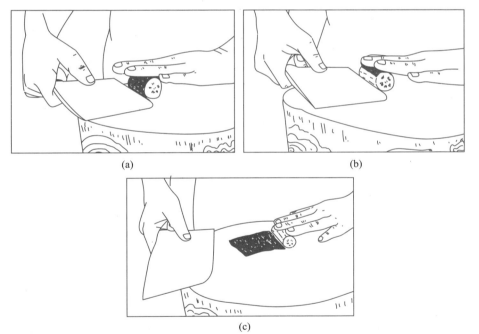

(a)　　　　　(b)

(c)

平刀滚料下片演示

图 3-37　平刀滚料下片

技术要领　刀膛与砧板始终保持平行。刀在运行时不可忽高忽低，否则会影响成品的规格和质量。刀推进节奏与原料滚动速度要保持一致。

适用原料　适合加工圆柱形和圆锥形的原料，如黄瓜、胡萝卜、鸡心、鸭心、肉块。

6. 平刀抖刀片

平刀抖刀片指刀膛与墩面保持平行，刀刃不断做波浪式运动（抖刀），原料片开时具有条形刀纹的刀法。平行抖刀片主要是将原料加工成锯齿片，达到美化菜肴和便于食用的目的。

操作方法 将原料放在砧板右侧，刀膛与砧板平行，刀刃上下抖动，逐渐片开原料，原料成形表面呈凹凸条纹状，如图 3-38 所示。

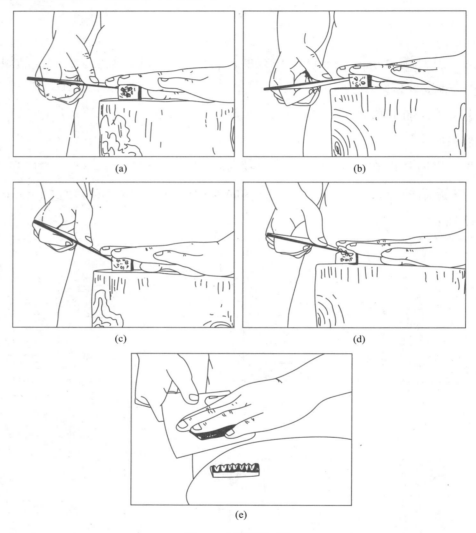

图 3-38 平刀抖刀片

技术要领 刀具在上下抖动时幅度要适中，刀距要相等。

适用原料 适合加工软嫩光滑不易夹取的原料，如蛋糕、豆腐干、松花蛋；以及脆性蔬菜的美化，如莴笋、胡萝卜。

能力培养

平刀法的操作训练

准备豆干、红薯、蛋糕等不同性质的原料，根据平刀法要领，将原料加工成片。

活动要求：1. 刀法运用规范标准。

2. 片形完整、厚薄均匀。

3. 原料要物尽其用。

4. 评价和记录成片数量。

答疑解惑：平刀法易造成片形不完整是什么原因？

砧板平面作为一面，刀身平面作为另一面，在刀工操作时这两个面平行，说明两个面不能有交点，如有交点就意味着原料已切断或薄厚不均。所以要求操作者在运用平刀法操作时时刻保持刀运行的轨迹与墩板平行，才能保证原料形态完整。

 知识链接

刀具与原料之间的摩擦力

摩擦力是指相互接触的物体做相对运动或有相对运动趋势时产生的阻碍物体运动的力。它与物体相对或运动趋势的方向相反。研究摩擦力是为了掌握其规律，利用有利的一面，减少不利的因素。如加工动物性原料时，因原料表面有黏液，为防止原料滑动，可以选择纹路较深的砧板来增加表面摩擦力，防止原料移动。当原料与刀具易黏连时，为了减少刀具运行阻力，可以在刀具上抹些水，提高润滑度，减小摩擦力，让刀具运行得更加顺畅。

（三）斜刀法

斜刀法是刀与砧板呈斜角，刀体倾斜运动将原料片开的刀法。这种刀法按刀的运动方向可分为斜刀拉片、斜刀推片等方法，常用于将原料加工成片。

1. 斜刀拉片

刀体要保持一定倾斜度，刀背朝右前方，刀刃自左前方朝右后方运动，将原料片开。

操作方法 将原料放在砧板里侧，左手伸直扶按原料，右手持刀，用刀刃的中部对准原料入刀位置，刀自左前方朝右后方向拉动，将原料片开。原料断开后，随即左手指微弓，带动片开的原料向右后方移动，使原料脱离刀具，如图 3-39 所示。

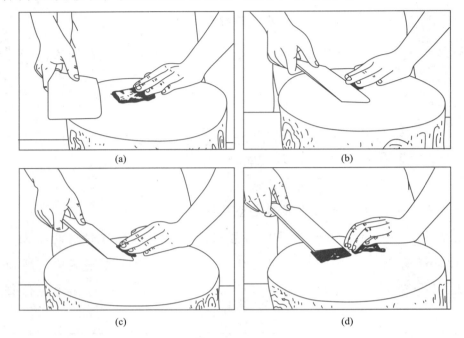

(a) (b)

(c) (d)

图 3-39　斜刀拉片

技术要领 刀在运动时，刀膛要紧贴原料，避免原料滑动；刀身的倾斜度要根据原料成形标准调整；每片一刀，刀与右手同时移动一次，保持刀距相等。

适用原料 适合加工形态薄扁呈片状的原料，动物性原料如猪腰子、净鱼肉，植物性原料如白菜帮、扁豆也可采用。

2. 斜刀推片

斜刀推片指刀体保持一定倾斜，刀背朝左后方，刀刃自左后方向右前方运动的刀法。主要用于加工脆性原料成片的形状。

操作方法 左手扶按原料，中指第一关节微曲，并顶住刀膛。右手持刀，刀身倾斜向外，用刀刃的中部对准原料入刀位置。刀自左后方向前方斜刀片进，使原料断开，如图 3-40 所示。

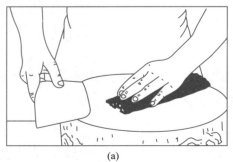

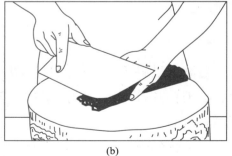

(a) (b)

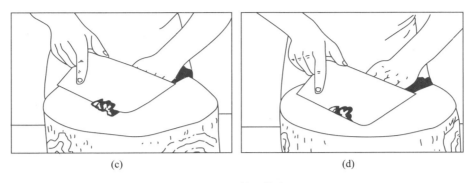

(c)	(d)

图 3-40　斜刀推片

技术要领　刀膛要紧贴左手关节，每片一刀，刀与左手都向左后方同时移动一次，并保持刀距一致。刀身倾斜角度应根据加工成形原料的规格标准灵活调整。

适用原料　适合加工脆性原料，如芹菜、白菜；对熟猪肚等软性原料也可采用。

（四）剞刀法

剞刀法是指刀做垂直、倾斜等方向的运动，将原料切或片出横竖交叉、深而不断花纹的刀法，如加工成麦穗形、松果形、灯笼形。剞刀法利用烹饪原料的质地特点和烹调加热原理，突出了菜肴美观逼真、富有寓意的传统中餐文化内涵。从烹调过程方面，其更加利于成熟入味和食用盛取。

剞刀法按刀具的运动方向，可分为直刀剞、直刀推剞、斜刀推剞、斜刀拉剞等刀法。

1. 直刀剞

直刀剞与直刀切相似，只是刀具在运行时不完全将原料切断开，根据原料成形的规格，刀进深度有着严格要求，多数为原料厚度的 4/5 或 2/3。在原料上剞的刀纹距离要匀称，剞刀深度要达到标准，并且保持深浅一致。

操作方法　右手持刀，左手扶稳原料，中指第一关节弯曲处顶住刀膛，用刀刃中前部位对准原料入刀位置。刀具自上而下做垂直运动，保持相应运行距离，控制剞刀深度，及时起落刀具，如图 3-41 所示。

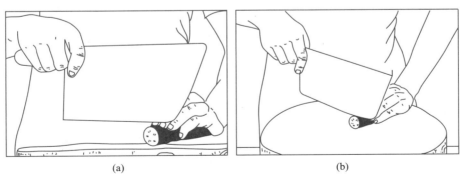

(a)	(b)

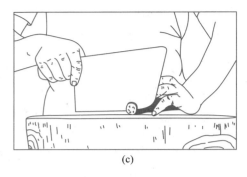

(c)

图 3-41　直刀剖

技术要领　左手运用指法从右前方朝左后方移动，保持刀距均匀；控制好腕部发力，掌握入刀深度，做到深浅一致。

适用原料　适合加工脆性原料（如黄瓜、冬笋、胡萝卜、莴笋）和质地较嫩的韧性原料（如猪腰子、鱿鱼）。

2.　直刀推剖

直刀推剖与推刀切相似，只是刀在运行时，不能将原料切断。根据原料成形的规格标准，刀推入原料一定深度时停刀，在原料上剖出直线刀纹。在此基础上，也可结合其他刀法加工出荔枝形、麦穗形、菊花形等造型。

操作方法　左手扶稳原料，中指第一关节弯曲处顶住刀膛，右手持刀，用刀刃中前部位对准原料入刀位置。刀自右后方朝左前方运动，直至进深到标准程度时停止运行。然后将刀抬起，再次行刀推剖，直至完成剖刀流程，如图 3-42 所示。

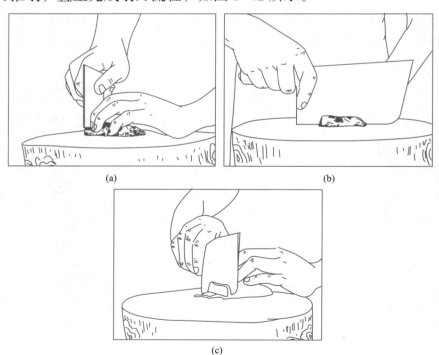

(a)　　　　　　　　　　　　　　　　(b)

(c)

图 3-42　直刀推剖

技术要领　刀与砧板保持垂直，控制好进刀深度，做到深浅一致，运用指法左手从右前方朝左后方移动，保持合理刀距。

适用原料　适合加工韧性原料，如通脊、鱿鱼、鸡肫、鸭肫、墨鱼。

3. 斜刀推剞

斜刀推剞与斜刀推片相似，只是刀在运行时不将原料断开，在原料上推刀剞斜线刀纹。斜刀推剞常在原料较薄、剞刀纹路需要较深时应用。斜刀推剞经常会与直刀剞结合运用，使花刀造型更加立体生动，如加工麦穗形、菊花形。

操作方法　左手扶稳原料，中指第一关节微弓，紧贴刀膛。右手持刀，用刀刃中前部位对准原料入刀位置。刀自左后方向右前方运动，达到标准深度后停止运行。然后将刀收回，再次行刀推剞，直至完成原料剞刀流程，如图 3-43 所示。

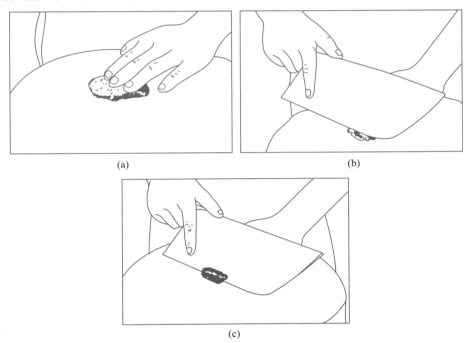

斜刀推剞演示

图 3-43　斜刀推剞

技术要领　严格控制刀与砧板的倾斜角度和进刀深度，运刀距离要保持相等。

适用原料　适合加工各种韧性原料，如猪腰子、鱿鱼、通脊肉、鸡肫、鸭肫。

4. 斜刀拉剞

斜刀拉剞与斜刀拉片相似，只是刀在运行时不将原料断开，拉剞出斜线刀纹。在此基础上，也可结合运用其他刀法应用，如加工麦穗形、灯笼形、锯齿形。

操作方法　左手扶稳原料，右手持刀。用刀刃中部对准原料被剞位置。刀自左前方向右后方运动，进深到标准程度停止运行。然后将刀抽出，反复斜刀拉剞，完成原料操作流程，如图 3-44 所示。

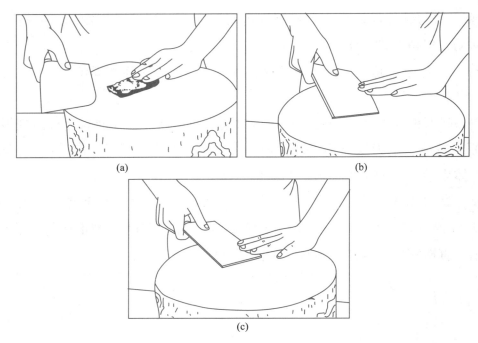

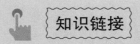
斜刀拉剞演示

图 3-44　斜刀拉剞

技术要领　严格控制刀与砧板的倾斜角度和进刀深度；刀距要保持均匀一致；刀膛要紧贴原料运行，防止原料滑动。

适用原料　适合加工韧性原料，如猪腰子、通脊肉、净鱼肉。

👆 **知识链接**

剞刀法在"爆"类菜肴的应用

"爆"是采用旺火热油，对加工成形的烹饪原料加热至成熟，再进行调味的一种烹调方法。爆菜具有急火速成，质感脆嫩爽口，汁紧油明且形态美观等特点。爆适用于鸡胗、肚仁、鱿鱼、猪腰子等质脆的原料。在制作爆类菜肴时，大多都有剞花刀的过程。这不仅丰富了菜肴的形态，还扩大了原料的受热面积，缩短了烹调时间，从而保证了菜肴脆嫩的质感。以鲁菜中的"爆鱿鱼卷"为例，先用斜刀剞法在鱿鱼内侧剞斜线刀纹，刀与墩面角度为30°～40°，再转一个方向，剞上平行的直刀纹（若原料质薄，可采用斜刀剞法），交叉呈十字形，然后再改成长方形块，加热后卷曲即形似麦穗。

成形原理：原料中的肌原纤维按一定顺序和走向排列。受热时，肌原纤维开始收缩。剞刀纹的一面，各局部受热，没有剞刀的一面，整体受热。因两面受热不均匀而收缩程度不同，形成"麦穗"。所以，要保证剞刀的原料形态逼真，刀具倾斜的角度、落刀深浅度、剞刀间距是剞刀法的技术关键，也是评价"爆"菜形态的重要标准。

斜刀法、剖刀法训练

准备鱿鱼、猪腰子、白菜等，进行斜刀法和剖刀法训练。

活动要求：1. 注意动作、姿势要标准规范。

　　　　　2. 注意入刀角度和深度。

　　　　　3. 注意操作安全和卫生清理。

答疑解惑：刀倾斜角度与原料成形的关系

在斜刀法、剖刀法的操作中，刀具倾斜角度决定着原料成形的标准和质量。在斜刀法中，加工形态不规则的烹饪原料，如白菜、鱼肉，要注意原料厚度和形状的变化，调节刀具倾斜角度，控制好刀具运行角度和厚度距离，才能保证原料成形基本相似，达到均匀规范的标准。在剖刀法中，烹饪原料厚度标准一致时，刀具倾斜角度越大，则剖刀的刀纹越深，反之则刀纹越浅。刀具倾斜角度一致，最终原料形态一致，剖刀刀纹相同。

五、原料成形

（一）基本工艺

基本工艺是指运用切、剁、砍、片等刀法将原料加工成较为常见的常规几何形体。主要有以下十种：

1. 丁

丁的形状近似正方体，是运用片、切等刀法，将原料加工成大片后切成条状，再切成正方体形状，丁分为大、中、小三种。

（1）形状名称　菱形丁、骰子形丁、橄榄形丁、指甲形丁等。

（2）成形规格　大 2 cm×2 cm×2 cm，中 1.2 cm×1.2 cm×1.2 cm，小 8 mm×8 mm×8 mm。

（3）适用原料　韧性原料、脆性原料、软性原料等。

（4）适用菜例　宫保鸡丁、青椒肉丁、碎米肉丁等。

（5）加工要求　菜肴主料的丁切配要均匀一致，配料的丁要小于主料。质地老硬的动物性原料，可先用拍刀法将纤维组织拍松。结缔组织丰富的原料片成大片后，两面排剖上刀纹，这样有利于肉质疏松，斩断筋络，扩大肉质的表面积，易于吸收水分，利于原料成熟和调味渗透。

2. 粒

粒是小于丁的正方体，其成形方法与丁相同。

（1）形状名称　豌豆粒、绿豆粒等。

（2）成形规格　豌豆粒 6 mm×6 mm×6 mm；绿豆粒 4 mm×4 mm×4 mm。

（3）适用原料　脆性和硬实性原料。

（4）适用菜例　蟹粉狮子头等。

（5）加工要求　与丁相同。

3. 米

米是略小于粒的正方体，其成形方法与丁相同。

（1）形状名称　小米粒。

（2）成形规格　约 3 mm×3 mm×3 mm。

（3）适用原料　脆性原料、硬实性原料。

（4）适用菜例　多用于点缀装饰菜肴。

（5）加工要求　运用直刀切或推刀切刀法加工成形，有颗粒感。

4. 末

末的形状不规则，运用直刀法中的剁加工而成。

（1）形状名称　粗末、细末。

（2）成形规格　末小于米，具有独立形态。

（3）适用原料　韧性原料、脆性原料。

（4）适用菜例　汆丸子、焦熘丸子等。

（5）加工要求　原料要充分剁碎、斩断筋络，根据菜例实际控制末的粗细。

5. 蓉或茸

蓉或茸的形状更为细小，用刀背锤击或电动料理机粉碎而成。粉碎的根茎或豆类等植物性原料，称为蓉；击打碎的畜禽肉等动物性原料，称为茸。

（1）形状名称　细蓉／茸、粗蓉／茸。

（2）成形规格　蓉／茸无固定形态，细蓉／茸可用细筛网滤制成。

（3）适用原料　根茎类植物性原料或动物性原料，如里脊、鱼肉。

（4）适用菜例　扒酿海参、鸡茸鱼肚、清汤鱼圆、蓝莓山药等。

（5）加工要求　制茸前，要先挑出筋络，注意锤击或机器粉碎时的卫生，保证肉茸洁白、细腻、无杂质。

6. 丝

丝呈细条状，是用片、切等刀法加工而成的。成丝前，先将原料加工成大片再切成丝状。

（1）形状名称　粗丝、细丝。

（2）成形规格　粗丝宽为 3~5 mm，长为 4~8 cm；细丝宽 1~3 mm，长为 4~8 cm。

（3）适用原料　韧性原料、脆性原料、软性原料。

（4）适用菜例　干煸牛肉丝、鱼香肉丝、滑炒鸡丝等。

（5）加工要求　一般原料要顺纤维纹路切丝。但加工牛肉丝时，刀刃与纤维纹路要垂直交叉，阻断纤维组织。用于滑炒、滑熘的丝偏细，用于干煸、清炒的丝稍粗。

7. 条

条比丝粗。首先运用片的方法，将原料片成大厚片，然后再切成条。

（1）形状名称　粗条（手指条）、细条（筷子条）。

（2）成形规格　粗条宽为 6~8 mm，长为 4~6 cm；细条宽为 4~5 mm，长为 5~7 cm。

（3）适用原料　韧性原料、脆性原料、软性原料等。

（4）适用菜例　芫爆鸡条、高丽鱼条、糊辣瓜条等。

（5）加工要求　要顺着纤维切条，韧性原料偏细，脆性原料和软性原料偏粗。用于烧、扒、焖的偏粗，用于熘和炒的偏细。

8. 段

段比条粗，是运用切、剁、砍等刀法加工而成的。

（1）形状名称　粗段、细段。

（2）成形规格　粗段宽为 1 cm，长 3.3 cm；细段宽为 8 mm，长 2.5 cm。

（3）适用原料　韧性原料、脆性原料等。

（4）适用菜例　炸烹虾段、红焖笋段、干烧鳝鱼段等。

（5）加工要求　段的长度通常不超出 1 寸（约 3.3 cm），粗细可根据原料实际灵活运用。

9. 块

块是烹调加工过程中较为常用的形态，通常是加工体型较大的原料。它运用切、剁、砍等方法加工而成。

（1）形状名称　方块、小方块、滚刀块、瓦块形、骨牌块、象眼块、剪刀块等。

（2）成形规格　块的形状要大于丁，边长在 2 cm 以上。块的规格取决于原料属性和烹调方法。

（3）适用原料　韧性原料和脆性动植物原料。

（4）适用菜例　红烧瓦块鱼、红烧牛肉、蜜汁冬瓜等。

（5）加工要求　适用于长时间加热的菜肴，如烧、焖、扒、炖等烹调方法。对于带骨的原料可加工小些。对于块形较大的原料，可用刀具拍松或剞上刀纹，以利于成熟及入味，缩短加热时间。

10. 球

球是运用切的方法将原料先加工成方丁或方块再削成球状。也可采用球勺剜出球形。

（1）形状名称　大球、小球。

（2）成形规格　大球直径 2.5 cm，小球直径 1.5~2 cm。

（3）适用原料　植物性原料，如冬瓜、萝卜、南瓜。

（4）适用菜例　软熘冬瓜球、烧三素等。

（5）加工要求　球体要标准一致，球体表面光滑美观。

（二）花刀工艺

花刀工艺是在原料上剞出刀纹而达到美化菜肴、利于加热烹调的综合应用型刀法。花刀工艺程序复杂，技术难度较高。经常用于鱼类等大型原料，可以辅助菜肴入味；增加受热面积，帮助原料快速成熟；可以美化菜肴的造型，丰富菜肴质感。

1. 斜一字形花刀

斜一字形花刀的刀纹是运用斜刀或直刀推剞的刀法加工而成的。

（1）形状名称　根据刀纹间距宽窄，分为半指刀和一指刀。

（2）成形方法　将原料两侧剞出斜向一字形排列的刀纹。半指刀纹间距约 5 mm，一指刀纹间距约 1.5 cm，如图 3-45、图 3-46 所示。

图 3-45　斜一字形花刀（半指刀）　　　　图 3-46　斜一字形花刀（一指刀）

（3）适用原料　黄花鱼、鲤鱼、青鱼、鸡翅等。

（4）适用菜例　干烧鱼（半指刀纹）；红烧鱼（一指刀纹）。

（5）加工要求　刀间距纹理匀称；鱼背部刀纹稍深，腹部稍浅；保持形态完整。

2. 柳叶形花刀

柳叶形花刀的刀纹是运用斜刀推剞或拉剞刀法加工而成的。

（1）形状名称　柳叶形花刀。

（2）成形方法　在原料两侧均匀地剞上形似叶脉纹路的刀纹，如图 3-47 所示。

图 3-47　柳叶形花刀

（3）适用原料　鲫鱼、武昌鱼、鳜鱼等。

（4）适用菜例　适用于氽鲫鱼、清蒸鱼等。

（5）加工要求　与斜一字形花刀相同。

3. 交叉十字形花刀

交叉十字形花刀的刀纹是运用直刀推剞的刀法加工而成的。

（1）形状名称　十字形花刀、多十字形花刀。

（2）成形方法　在原料两侧均匀剞出交叉十字形刀纹。原料体大而长者剞多十字形花刀，刀纹间距稍小；原料体小者剞十字形花刀，刀纹间距偏大，如图3-48所示。

(a)　　　　　　　　　(b)

图3-48　交叉十字形花刀

（3）适用原料　鲤鱼、武昌鱼、鳜鱼等。

（4）适用菜例　清蒸武昌鱼、蒜烧鱼等。

（5）加工要求　与斜一字形花刀相同。

4. 月牙形花刀

月牙形花刀的刀纹是运用斜刀拉剞刀法加工而成的。

（1）形状名称　月牙形花刀。

（2）成形方法　在原料两侧均匀剞出弯曲似月牙形的刀纹，刀纹间距约6 mm，如图3-49所示。

图3-49　月牙形花刀

（3）适用原料　平鱼、晶鱼、武昌鱼等。

（4）适用菜例　清蒸鱼、油浸鱼等。

（5）加工要求　与斜一字形花刀相同。

5. 翻刀形花刀

翻刀形花刀的刀纹是运用斜刀和（或直刀）推剞、平刀片等刀法而制成的。

（1）形状名称　翻刀形花刀（俗称牡丹花刀）。

（2）成形方法　利用直刀法在原料两面剞上深至鱼骨的刀纹，运用平刀片进深为2~2.5 cm，将肉片翻起，再在每片肉上都剞一刀。原料每侧翻起7~12片，经加热即成牡丹花瓣的形态，如图3-50所示。

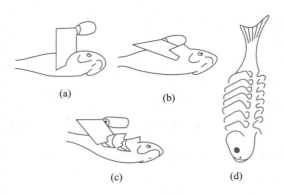

翻刀形花刀演示

图 3-50 翻刀形花刀

（3）适用原料　鲤鱼、鲈鱼等。

（4）适用菜例　糖醋鲤鱼等。

（5）加工要求　原料选择净重 1 500 g 为宜，每片大小一致，每侧剖刀次数相同。

6. 松鼠形花刀

松鼠形花刀的刀纹是运用斜刀拉剖、直刀剖等刀法加工而成的。

（1）形状名称　松鼠形花刀。

（2）成形方法　沿鱼体脊骨平刀片至尾部，剔除脊骨和胸骨。在两扇鱼肉上剖直刀纹，刀距为 4~6 mm。再斜剖交叉刀纹，刀距为 2~3 mm。直刀纹和斜刀纹均剖至鱼皮，要保持鱼皮完整，两刀相交呈菱形刀纹。原料经加热卷曲即成松鼠形花刀状，如图 3-51 所示。

松鼠形花刀演示

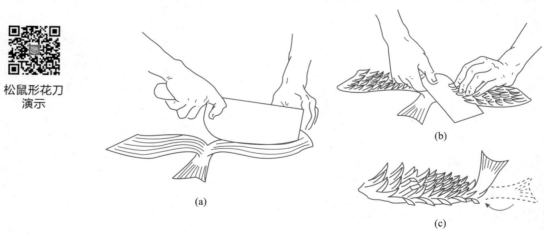

图 3-51 松鼠形花刀

（3）适用原料　鲤鱼、鳜鱼、黄鱼等。

（4）适用菜例　松鼠鳜鱼、松鼠黄鱼等。

（5）加工要求　交叉刀距、入刀深度、剖刀角度都要规范标准；原料以净重 2 000 g 以上为宜。

7. 菊花形花刀

菊花形花刀的刀纹是运用直刀推剖加工而成的。

（1）形状名称　菊花形花刀。

（2）成形方法　在原料上剞出横竖交错的刀纹，深度为原料深度的 4/5，两刀相交为直角，改刀切成边长为 3 cm 的正方块。加热后自然卷曲可呈菊花形态，如图 3-52 所示。

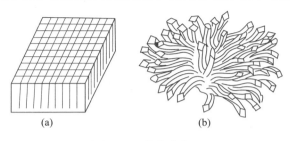

图 3-52　菊花形花刀

（3）适用原料　净鱼肉、鸡肫、鸭肫等。

（4）适用菜例　火爆鸭肫、菊花鱼等。

（5）加工要求　刀距和入刀深度都要均匀一致；选择肉质较厚的原料为宜。

8. 麦穗形花刀

麦穗形花刀的刀纹是运用直刀推剞和斜刀推剞的刀法制作而成的。

（1）形状名称　麦穗形花刀。

（2）成形方法　先在原料上斜刀推剞，倾斜角度 40°，刀纹深度是原料厚度的 3/5。再转另一个角度直刀推剞，直刀剞与斜刀剞交叉，以 70°~80° 为宜，深度是原料的 4/5。平分成数块，经加热后卷曲成麦穗形态。大、小麦穗形花刀的区别在于麦穗的长短，长者称为大麦穗形花刀，短者称为小麦穗形花刀，如图 3-53 所示。

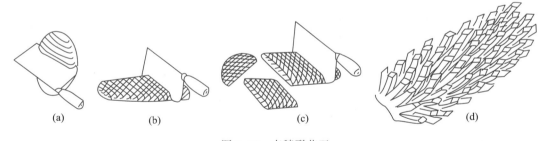

图 3-53　麦穗形花刀

（3）适用原料　猪腰子、鱿鱼等。

（4）适用菜例　爆鱿鱼卷、炒腰花等。

（5）加工要求　刀距要均匀，进刀深度和剞刀角度都严格控制。大麦穗形花刀剞刀的倾斜度越小，麦穗就越长。刀体的倾斜度，可以按原料的薄厚度进行调整。

9. 荔枝形花刀

荔枝形花刀的刀纹是运用直刀推剞的刀法加工而成的。

（1）形状名称　荔枝形花刀。

（2）成形方法　先用直刀推剞，入刀深度是原料厚度的 4/5。再转一个角度直刀推剞，进刀深度也是原料厚度的 4/5。两刀相交角度为 80°，然后切分成边长约为 3 cm 的等边三角形。经加热后即卷曲成荔枝形态，如图 3-54 所示。

荔枝形花刀
演示

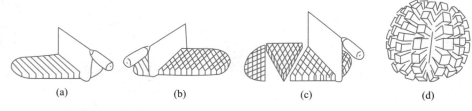

(a)　　　　　(b)　　　　　(c)　　　　　(d)

图 3-54　荔枝形花刀

（3）适用原料　猪腰子、鱿鱼等。

（4）适用菜例　荔枝鱿鱼、芫爆腰花等。

（5）加工要求　刀距、入刀深度、剞刀角度和分块都要均匀一致。

10. 松果形花刀

松果形花刀的刀纹是运用斜刀推剞的刀法加工而成的。

（1）形状名称　松果形花刀。

（2）成形方法　运用斜刀推剞，刀身倾斜度为 45°，入刀深度是原料厚度的 4/5。再转一个角度斜刀推剞，刀身倾斜度和深度与之前一致。两刀相交角度为 45°，然后切分成宽 4 cm、长 5 cm 的块，经加热可卷曲成松果形态，如图 3-55 所示。

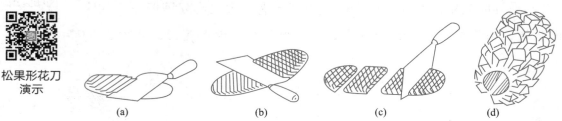

松果形花刀
演示

(a)　　　　　(b)　　　　　(c)　　　　　(d)

图 3-55　松果形花刀

（3）适用原料　墨鱼、鱿鱼等。

（4）适用菜例　糖醋鱿鱼卷、爆炒墨鱼花等。

（5）加工要求　与荔枝形花刀相同。

11. 蓑衣形花刀

蓑衣形花刀的刀纹是运用直刀剞和斜刀推剞的刀法制作而成的。包括以下两种形式：

（1）拉花式蓑衣形花刀

① 成形方法　先在原料一面直刀（或推刀）剞上斜一字刀纹，刀纹深度为原料厚度的 1/2。再在原料另外一侧采用相同的刀法，剞上直一字刀纹，刀纹深度是原料厚度的 1/2，与斜一字刀纹相交，原料拉动形似拉花，如图 3-56 所示。

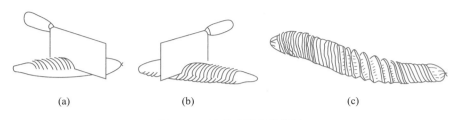

拉花式蓑衣
形花刀演示

图 3-56　拉花式蓑衣形花刀

② 适用原料　黄瓜、冬笋、莴笋、萝卜等。

③ 适用菜例　拉花萝卜、糖醋蓑衣黄瓜等。

④ 加工要求　两侧刀纹深度不能出现断裂，刀间距离要保持一致。

（2）片状蓑衣形花刀

① 成形方法　先在片状原料一面直刀剞上深度为原料厚度 4/5 的刀纹，再斜刀推剞上深度为原料厚度 4/5 的刀纹。然后将原料翻起，再在另一面斜刀推剞上深度为原料厚度 4/5 的刀纹。切分成长 2 cm、宽 1.5 cm 的长方形，如图 3-57 所示。

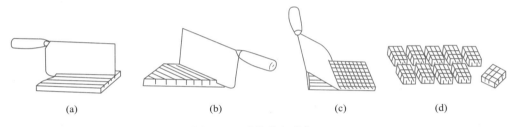

图 3-57　片状蓑衣形花刀

② 适用原料　猪肚领。

③ 适用菜例　油爆肚仁等。

④ 加工要求　刀距、进刀深度、分块都要均匀一致。

12. **螺旋形花刀**

螺旋形花刀的刀纹是采用小型尖刀旋制而成的。

（1）形状名称　螺旋形花刀。

（2）成形方法　选用圆柱形的原料（如胡萝卜、黄瓜），取中段部位，将小刀斜架在原料上，进刀深度约 1 cm，逆时针转动原料，使刀从左向右移动。然后再将刀尖插进原料一端，顺时针旋进，将原料芯柱旋开。最后用手拉开，即成为螺旋丝状，如图 3-58 所示。

图 3-58　螺旋形花刀

（3）适用原料　黄瓜、莴笋、胡萝卜等。

（4）适用菜例　菜肴盘饰，也可用于凉拌菜等。

（5）加工要求　小刀要窄而尖，原料转动要慢，旋丝时要均匀有力，丝不宜过细。丝的长度可灵活掌握。

13. 玉翅形花刀

玉翅形花刀的刀纹是运用平刀片和直刀切的刀法加工而成的。

（1）形状名称　玉翅形花刀。

（2）成形方法　先将原料加工成长 5 cm、宽 4 cm、高 3 cm 的长方块，用刀片进原料长度的 4/5，再直刀切成连刀丝即呈玉翅形，如图 3-59 所示。

玉翅形花刀
演示

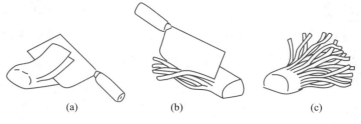

(a)　　　　　(b)　　　　　(c)

图 3-59　玉翅形花刀

（3）适用原料　冬笋、莴笋等。

（4）适用菜例　葱油玉翅、白扒玉翅等。

（5）加工要求　刀距要均匀，丝的粗细可灵活掌握。

14. 麻花形花刀

麻花形花刀的刀纹是运用拉刀法刀尖划开，再经穿编而成的。

（1）形状名称　麻花形花刀。

（2）成形方法　先将原料片成长约 4.5 cm、宽约 2 cm、厚约 3 mm 的片。在原料中间顺长划 3.5 cm 的口，再在中间锋口两侧各划上一道 3 cm 长的口。用手握住两端并将原料一端从中间缝口穿过，即呈麻花形，如图 3-60 所示。

麻花形花刀
演示

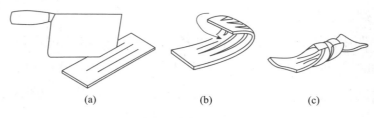

(a)　　　　　(b)　　　　　(c)

图 3-60　麻花形花刀

（3）适用原料　猪腰子、肥膘肉、通脊肉等。

（4）适用菜例　软炸麻花腰子、芝麻腰子等。

（5）加工要求　刀口要长短一致，成形的规格要相同匀称。

15. 凤尾形花刀

凤尾形花刀的刀纹是运用直刀切的刀法制作而成的。

（1）形状名称　凤尾形花刀。

（2）成形方法　将圆柱形的原料一片两开，在原料长度的 4/5 处斜切成连刀片，每切 9 片或 11 片为一组，将原料断开。然后每隔一片弯曲一片折起。反复加工操作，即呈凤尾形，如图 3-61 所示。

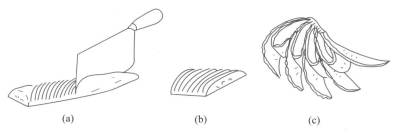

凤尾形花刀
演示

(a)　　　　　　　(b)　　　　　　　(c)

图 3-61　凤尾形花刀

（3）适用原料　黄瓜、冬笋、胡萝卜等。

（4）适用菜例　用于冷菜拼摆或点缀装饰等。

（5）加工要求　每组连刀片形要薄厚一致。

16. 鱼鳃形花刀

鱼鳃形花刀的刀纹是运用直刀推剞和斜刀拉剞的刀法制作而成的。

（1）形状名称　鱼鳃形花刀。

（2）成形方法　将原料片成片，运用直刀推剞的刀法，剞上深度为原料厚度 4/5 的刀纹。然后，转一个角度，斜刀剞深度为原料厚度 3/5 的刀纹。用斜刀拉片的刀法将原料断开，即一刀相连一刀断开，即成鱼鳃片，如图 3-62 所示。

（3）适用原料　猪腰子、茄子等。

（4）适用菜例　凉拌腰片、炒鱼鳃茄子等。

（5）加工要求　刀距要均匀，大小要一致。

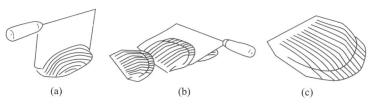

鱼鳃形花刀
演示

(a)　　　　　　　(b)　　　　　　　(c)

图 3-62　鱼鳃形花刀

17. 灯笼形花刀

灯笼形花刀的刀纹是运用斜刀拉剞和直刀剞的刀法加工而成的。

（1）形状名称　灯笼形花刀。

（2）成形方法　将原料片成大片后，分成长约 4 cm、宽约 3 cm、厚 2~3 mm 的片。先在原料一端斜刀拉剞两刀深度为原料厚度 3/5 的刀纹。然后，在原料另一端同样剞上两刀（相反的方向剞刀）。再转一个角度直刀剞上深度为原料厚度 4/5 的刀纹。原料经加热后卷曲成灯笼形，如图 3-63 所示。

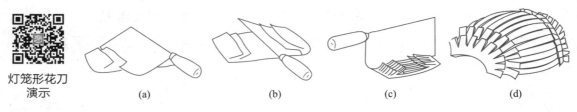

灯笼形花刀演示

(a)　　　　(b)　　　　(c)　　　　(d)

图 3-63　灯笼形花刀

（3）适用原料　鱼肉、萝卜等。

（4）适用菜例　灯笼鱼、灯笼虾等。

（5）加工要求　斜刀深度要浅于直刀进刀深度。片形大小要均匀，刀距要相等。

18. 如意形花刀

如意形花刀的刀纹是运用直刀推剞和平刀片的刀法加工而成的。

（1）形状名称　如意形花刀。

（2）成形方法　将原料加工成边长为 2 cm 的正方体，在三面均切上两刀，进深为原料厚度的 1/2，用手掰开方体，即分成两个如意形，如图 3-64 所示。

如意形花刀演示

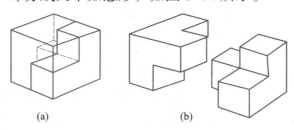

(a)　　　　(b)

图 3-64　如意形花刀

（3）适用原料　芋头、南瓜等。

（4）适用菜例　蜜汁如意什锦等。

（5）加工要求　形状、大小要一致。

19. 剪刀形花刀

剪刀形花刀的刀纹是运用直刀推剞和平刀片的刀法加工而成的。

（1）形状名称　剪刀片、剪刀块。

（2）成形方法　剪刀片要薄于剪刀块，但制作方法基本相同。加工时，分别在两个长边厚度的 1/2 处片进原料（两刀进深相对，但不能片断）。再运用直刀推剞的刀法，在两面均匀地剞上宽度一致的斜刀纹，深度为原料厚度的 1/2。然后用手拉开，即分成交叉剪刀片（块），如图 3-65 所示。

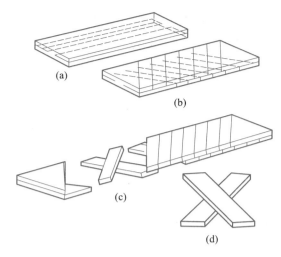

图 3-65　剪刀形花刀

（3）适用原料　莴笋、萝卜、芋头等。

（4）适用菜例　多用于盘饰制作或配菜应用等。

（5）加工要求　刀距、交叉角度、原料形状都要规范精确。

20. 锯齿形花刀

锯齿形花刀的刀纹是运用直刀切和斜刀推剞等刀法加工而成的。

（1）形状名称　锯齿形花刀。

（2）成形方法　先在原料上剞出深度为原料厚度 4/5 的刀纹，然后再将原料切断，即是锯齿形花刀，如图 3-66 所示。

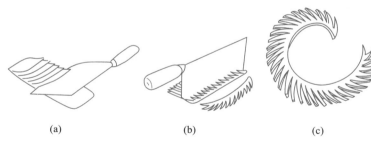

图 3-66　锯齿形花刀

（3）适用原料　猪腰子、鱿鱼、嫩白菜帮等。

（4）适用菜例　凉拌鱿鱼丝、川椒拌白菜；也可用作点缀装饰等。

（5）加工要求　刀纹距离、斜刀角度、粗细程度都要均匀一致。

21. 渔网形花刀

渔网形花刀是综合运用直刀剞和平刀滚料片等刀法加工而成的。

（1）形状名称　渔网形花刀。

（2）成形方法　先将原料加工成长方体，运用直刀剞的刀法在原料一周的四个面上剞上刀距相等的刀纹，进深约为原料的 1/2。再将原料削去棱角，成为圆柱体，利用平刀滚料片的刀法将原料加工成片状，拉伸开成为渔网形，如图 3-67 所示。

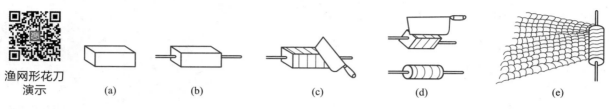

渔网形花刀演示　(a)　　　(b)　　　(c)　　　(d)　　　(e)

图 3-67　渔网形花刀

（3）适用原料　胡萝卜、白萝卜等。

（4）适用菜例　鱼类或水产品菜肴的菜肴装饰。

（5）加工要求　刀距相等匀称，片状薄厚一致。

能力培养

原料美化成形的操作训练

准备带皮净鱼肉、猪腰子、鱿鱼、墨鱼、黄瓜、鲳鱼，进行菜肴美化成形的操作训练。

活动要求：1. 动作、技法标准规范。

2. 成形效果标准、美观。

3. 注意原料的物尽其用。

4. 注意维护环境卫生。

项 目 测 试

一、填空题

1. 所谓刀工，就是运用刀具及相关用具，采用各种 ＿＿＿＿ 和 ＿＿＿＿，将不同质地的烹饪原料加工成符合烹调 ＿＿＿＿ 的操作技术。

2. 刀工的基本要求包括 ＿＿＿＿、＿＿＿＿、＿＿＿＿、＿＿＿＿ 和 ＿＿＿＿。

3. 刀工操作的姿势是中式烹调师刀工水平的一项重要评价标准。主要包括 ＿＿＿＿、＿＿＿＿、＿＿＿＿ 和 ＿＿＿＿。

4. 刀法是根据 ＿＿＿＿ 与 ＿＿＿＿ 接触的角度和刀具的 ＿＿＿＿ 划分烹饪刀法，可分为 ＿＿＿＿、＿＿＿＿、＿＿＿＿、＿＿＿＿ 等。

5. 直刀法是刀具与砧板保持 _____ 运动的刀法。其按照用力的程度，可分为 _____、

_____、_____ 等。

6. 平刀法是指刀具与砧板平行呈 _____ 运动的刀法。这种刀法可分为 _____、

_____、_____、_____、_____、_____ 等。

二、简答题

1. 烹调过程中，刀工具有哪些作用？

2. 如何正确使用和保养砧板？

3. 常用刀法的技术要领都有哪些？

4. 麦穗形花刀与荔枝形花刀有哪些区别？

5. 烹调方法对剞刀法中刀纹距离和深浅程度有哪些要求？

6. 刀工刀法训练应具有哪些学习的意志品质？

项目3.2 勺 工 技 术

学习目标

知识目标：1. 了解烹调工具的种类和用途。

2. 掌握勺工的基本要求。

技能目标：1. 能识别和保养烹调工具。

2. 会运用基本翻勺技法。

素养目标：注重苦练技能、钻研学习意识的培养。

一、勺工认知

勺工就是烹调师临灶运用炒勺（锅）方法与技巧的综合技术。它是烹调师在烹调菜肴过程中，根据火候特点，采用推、拉、送、扬、托、翻、晃、转等动作，使炒勺中的烹饪原料前后左右翻动，协助菜肴在加热、调味、勾芡和装盘等方面达到质量标准的专项技术。

烹调过程中，离不开炒勺或炒锅等工具的使用。勺工技艺对烹调成菜至关重要，直接影响到菜肴的品质，也是衡量中式烹调师水平的重要标准依据。因此，要学好烹调技术，必须掌握勺工技艺。

勺工的基本认知包括：烹调工具的种类及用途、勺工的基本要求、勺（锅）的保养等内容。

（一）烹调工具的种类及用途

1. 炒勺

炒勺也称单柄勺，通常是用熟铁加工制成的。按炒勺的外形及用途又可分为：

（1）炒菜勺　勺壁稍厚，勺体弧度和口径偏小。主要用于炒、熘、爆、烹等菜肴的制作。

（2）扒菜勺　其勺底比炒菜勺厚，勺壁略薄，勺口径大且浅。主要用于煎、扒类菜肴的制作。

（3）烧菜勺　勺底、勺壁均厚于炒菜勺；勺口径大小与炒菜勺相同，但深度比炒菜勺稍深。主要用于烧、焖、炖、燘等类菜肴的制作。

（4）汤菜勺　勺壁薄，勺底略平，勺口径大小与扒菜勺相同。主要用于烹制汤菜、汤羹类菜肴。

2. 炒锅

炒锅也称煸锅、双耳锅，通常是用熟铁制成的。炒锅在我国南方地区的餐饮业使用较为广泛，根据容量分为大、中、小三种型号。按炒锅的外形及用途可分为：

（1）炒菜锅　锅底厚，锅壁薄且浅，分量轻。主要用于炒、熘、爆类等菜肴的制作。

（2）烧菜锅　锅底、锅壁厚度一致，锅口径稍大，略比炒菜锅深。主要用于烧、焖、炖等菜肴的制作。

3. 手勺

手勺是烹调过程中搅拌菜肴，盛取原料及添加调料，辅助翻勺的烹调工具。手勺普遍是用不锈钢制成的，按照规格分为大、中、小三种型号。应根据烹调环境的需要，选择使用相应型号的手勺。

4. 漏勺

漏勺是烹调中捞取原料或过滤原料用的工具，一般为铁丝编制或不锈钢材质制成。漏勺的外形与炒勺相似，漏勺内有许多排列有序的圆孔。

（二）勺工的基本要求

（1）烹调工作在高温条件下进行，是一项较为繁重的体力劳动。操作者平时应注意多锻炼身体，拥有健康的体魄、耐久的臂力和腕力，是完成勺工任务的前提条件。

（2）操作时要保持规范的站姿，熟练掌握各种翻勺（锅，下同）的技能和使用手勺的方法和技巧。

（3）烹调师操作时，精神要高度集中，脑、眼、手合一，两手协调而有规律地紧密配合完成勺工工作。

（4）应根据烹调方法和火候知识，掌握实时翻勺的频率和技巧。

（三）勺（锅）的保养

（1）新勺使用前，要用砂纸磨光，用食用油润透，使勺内光滑干净、油润富有光泽，保证烹调时原料不易粘锅，以免影响菜品质量。

（2）炒菜勺不宜用水清洗，应以炊帚擦净，再用洁布擦干，保持勺内油润、光滑、洁净。否则，再使用时容易粘勺。如炒勺上芡汁较多不易擦净，可将炒勺放在火源上，将芡烤干后再用炊帚擦净；也可撒上少量食盐用炊帚擦净，再用洁布擦干净。烧菜勺、汤勺等每次用毕后，直接用水刷洗干净即可使用。

勺工工具认知

（3）炒勺使用结束后，都要将炒勺内侧、勺底部和勺柄彻底清理刷洗干净。

能力培养

烹调工具挑选

准备各种规格型号的炒勺（锅）和手勺等工具，请学生挑选并清理。

活动要求：1. 挑选炒勺（锅）和烧菜勺（锅）。

2. 挑选符合规格的手勺和漏勺。

3. 按照要求做好清理和摆放工作。

二、勺工操作的基本姿势

烹调过程中，勺工操作的工作量较大，为维护身体的正常工作机能，提升烹调工作效率和质量，保持规范的操作姿势是学习烹调技艺的前提。勺工操作的基本姿势主要包括临灶操作姿势和握勺的手势。

（一）临灶操作的基本姿势

临灶操作的基本姿势，是从有利于操作，有利于提高工作效率和减轻疲劳、降低劳动强度，有利于身体健康等方面综合考虑的。其具体要求如下：

（1）面向炉灶站立，身体与灶台保持一定距离（10 cm左右）。

（2）两脚分开站立，两脚尖与肩同宽，为40~50 cm（可根据实际身高调整）。

（3）上身保持自然正直，身体略向前倾，不可弯腰曲背，目光要注视勺中原料的变化。

（二）握勺的手势

握勺的手势主要包括握炒勺和握手勺的手势。

1. 握炒勺的手势

（1）握单柄勺的手势　左手握住勺柄，手心朝右上方，大拇指在勺柄上面，其他四指弓起指尖朝上，手掌与水平面约成140°夹角，合力握住勺柄。

（2）握炒锅的手势　炒锅又称双耳锅，用左手大拇指扣紧锅耳的左上侧，其他四指微弓朝下，右手斜张开托住锅壁。

以上两种握勺、握锅的手势，在操作时应注意不要过于用力，以握牢、握稳为准，以便在握勺中充分运用腕力和臂力的变化，使翻勺动作灵活自如，达到准确无误的程度。

2. 握手勺的手势

用右手的中指、无名指、小拇指与手掌握住勺柄，主要目的是在操作过程中起到勾拉搅拌的作用。其具体方法是：食指前伸（对准勺碗背部方向），指肚紧贴勺柄，大拇指伸直与食指、中指合力握住手勺柄后端，勺柄末端顶住手心。要求持握牢而不失灵活，变换方向均要自如。

（三）勺工训练应具备的基本素质

勺工操作需要有健康的体魄和充足的力量支撑。在进行翻勺训练前，我们需要做好如下准备：

（1）加强身体素质，增加体能及臂力训练。

（2）做好身体保护，减少颈部、腰部和腕部伤害。

（3）懂得消防安全知识，具备消防自救能力。

（4）具备良好的维护工具习惯和卫生习惯。

> **能力培养**
>
> **增强上肢操作能力训练**
>
> 准备炒勺或炒锅、玉米粒、计时器，进行增强上肢操作能力训练。
>
> 活动要求：1. 按照正确的握勺（锅）方法。
>
> 　　　　　2. 要求端平与腹部同高，反复数次增加臂力。
>
> 　　　　　3. 达到端勺时间标准。

三、翻勺的作用和方法

烹调过程中，翻勺是检验烹调师水平的基本功之一。翻勺技术水平直接影响菜肴质量。

（一）翻勺的作用

（1）可使烹饪原料均匀受热　烹饪原料在炒勺内并不是在均匀的温度场，一方面可以通过控制火力进行调节；另一方面可运用翻勺来控制，让原料受热均匀，达到同步成熟。

（2）可使烹饪原料均匀入味　由于炒勺内的原料不断翻动，调味料也得到均匀的溶解，充分渗透到原料内部，让菜肴同步入味。

（3）可使烹饪原料均匀着色　通过翻勺运动，调味料得到分散，使原料均匀着色，尤其体现在煎、贴等菜肴上，通过翻勺技法菜肴有悦目的色泽。

（4）可使烹饪原料均匀挂芡　通过晃勺和翻勺使芡汁均匀包裹原料，保证菜肴芡汁的质量。

（5）可保持菜肴形态　中餐菜肴注重外形，如扒、煎等传统烹调方法，依靠大翻勺进行180°的翻转，保持了菜肴的形态，展示了菜肴的特色。

（二）翻勺的基本方法

翻勺的方法有很多，按照原料在勺中运动幅度和方向，可以分为小翻勺、大翻勺等。另外，烹调师还会利用手勺和灶口边缘，采用助翻勺、晃勺、转勺、手勺搅拌等方法，达到辅助翻勺的作用。所以，科学规范地运用翻勺是掌握勺工技法的关键。

翻勺时要求左手持握炒勺，右手持握手勺。

1. 小翻勺

小翻勺又称颠勺，是最常用的一种翻勺方法。这种方法因原料在勺中运动的幅度较小而得名。具体分为前翻勺和后翻勺两种方法。

（1）前翻勺　前翻勺也称正翻勺，是指将原料由炒勺的前端向勺柄方向翻动，又可分为拉翻勺和悬翻勺两种方法。

拉翻勺　又称拖翻勺，即在灶口上翻勺，是指炒勺底部依靠灶口边沿的一种翻勺技法。

① 操作方法　左手握住勺柄（或锅耳），炒勺略向前倾斜，先向后轻拉，再迅速向前送出，以灶口边沿为支点，炒勺底部紧贴灶口边沿呈弧形下滑，沿炒勺前端还未触碰到灶口前沿时，将炒勺的前端略翘，然后快速向后勾拉，使原料翻转。

② 技术要领　拉翻勺是通过腕部小臂带动大臂的运动，利用灶口边沿的杠杆作用，使勺体前后呈弧形滑动；炒勺向前送时速度要快，先将原料滑送到炒勺的前端，然后顺势依靠腕力快速向后勾拉，使原料翻转。"拉""送""勾拉"三个动作要连贯、敏捷、协调、利落。

拉翻勺演示

③ 适用范围　拉翻勺在实践操作中应用最为广泛。单柄勺和双耳锅均可使用，主要用于熘、炒、爆、烹等烹调方法。

悬翻勺　是指将勺端离灶口，与灶口保持一定距离的翻勺方法。

① 操作方法　左手握住勺柄，将勺端起，与灶口保持一定距离（20~30 cm），使炒勺前低后高，先向后轻拉，再迅速向前送出。原料送至炒勺前端时，将炒勺的前端略翘，快速向后拉回，使原料做一次翻转。

② 技术要领　向前送时速度要快，并使炒勺向下呈弧形运动；向后拉时，炒勺的前端要迅速翘起。

③ 适用范围　悬翻勺方法单柄勺和双耳锅均可使用，主要适用熘、炒、爆、烹、拔丝等烹调方法和菜肴装盘。

（2）后翻勺　后翻勺又称倒翻勺，是指将原料由勺柄方向朝炒勺的前端翻转的一种翻勺方法。

① 操作方法　左手握住勺柄，先迅速后拉，使炒勺中原料移至炒勺后端，同时向上托起。当托至大臂与小臂约成直角时，顺势快速前送，使原料翻转。

② 技术要领　向后拉的动作和向上托的动作要同时进行，动作要迅速，使炒勺向上呈弧形运动。当原料运行至炒勺后端边沿时，快速前送，"拉""托""送"三个动作要连贯协调，不可脱节。

③ 适用范围　后翻勺适用于单柄勺，主要用于汤汁较多的菜肴，旨在防止汤汁溅落在握勺的手上，避免烫伤。

2. 大翻勺

大翻勺演示

大翻勺是指将炒勺内的原料，一次性做180°翻转的翻勺方法。因翻勺的动作及原料在勺中翻转的幅度较大而得名。

大翻勺翻转后的原料要保持整齐美观、形状不变。大翻勺可分为前翻、后翻、左翻、右翻等，主要是以翻勺的动作方向作为划分方法。我们结合大翻勺运用情况，以后翻勺作为案例，介绍大翻勺的操作技法。

（1）操作方法　左手握炒勺，晃动炒勺调整原料的位置，将炒勺抬起，向前送出，加大原料在勺中的运行距离，然后顺势上扬勺间翘起，利用腕力勾拉勺柄，使原料完全翻转。接原料时，左臂伸直，左腿向后跨一步，利用勺的前部接住原料，顺势下落，以缓冲原料与炒勺的碰撞，防止原料松散及汤汁四溅。

（2）技术要领

① 晃动炒勺时要适当调整原料的位置，避免与勺粘连，观察原料形态和翻转角度，避免原料受损变形。如鱼的翻转，要以鱼头作为翻转的支点，以免鱼尾折断；条状形态的菜肴，要顺条而翻，防止原料散乱。

② 送、扬、勾拉、翻、接的动作要连贯协调、一气呵成。

③ 大翻勺除翻勺动作要求敏捷准确、协调衔接外，还要求做到炒勺光滑，具有一定润滑度。

（3）适用范围　大翻勺主要用于制作扒、煎、贴等烹调方法的菜肴，单柄勺和双耳锅均可使用。

3. 助翻勺

助翻勺是指炒勺在做翻勺动作时，手勺协助推动原料助力翻转的一种翻勺技法。

助翻勺演示

（1）操作方法　左手握炒勺，右手持手勺，手勺在炒勺上方的里侧，炒勺先向后轻拉，再迅速向前送出，手勺协助炒勺将原料推送至前端，顺势炒勺前端略翘，利用手勺助推原料。最后将炒勺快速拉回，使原料做一次翻转。

（2）技术要领　炒勺向前送的同时，利用手勺的背部由后向前推动，将原料送至炒勺的前端。原料翻落时，手勺迅速后撤或抬起，防止原料落在手勺上。在翻勺过程中左右手配合要协调一致。

（3）适用范围　适用于原料较多、原料较为干涩或原料均匀挂芡汁等环节，炒勺和双耳锅都可使用此方法。

4. 晃勺

晃勺也称转菜，是指将原料在炒勺内旋转的一种勺工技艺。晃勺可以让原料受热均匀，防止粘锅，通过调整原料在勺中的位置，以保证翻勺或出菜装盘的顺利进行。

（1）操作方法　左手握住炒勺柄（或锅耳）端平，通过手腕的转动，带动炒勺做顺时针或逆时针转动，使原料在炒勺内旋转。

（2）技术要领　晃动炒勺时，主要是通过手腕的转动及小臂的摆动，增大炒勺内原料旋转的幅度。晃动力量的大小要适中。力量过大，原料易转出勺外；力量不足，则原料旋转不充分，容易粘锅。

（3）适用范围　晃勺应用广泛，常用于扒、煎、贴、烧、燠等烹调方法制作菜肴时，以及在大翻勺之前，单柄勺和双耳锅都可运用。

5. 转勺

转勺也称转锅，是指转动炒勺的一种勺工技术。转勺与晃勺不同，晃勺是炒勺与原料一起转动，而转勺是炒勺转动、原料不转动。通过转勺，可以保证原料受热均匀。

（1）操作方法　左手握住勺柄，炒勺不离灶口，快速将炒勺向左或右转动。

（2）技术要领　手腕向左或向右转动时速度要快，否则炒勺会与原料一起转，起不到转勺的作用。

（3）适用范围　主要用于烧、燠等烹调方法制作的菜肴，单柄勺和双耳锅都能使用。

（三）手勺的使用

勺工主要是由翻勺动作和手勺动作两部分组成的。手勺在勺工中起着重要的作用，不单用于盛取调料和菜肴装盘，手勺还要参与配合左手翻勺。通过手勺和炒勺的密切配合，可帮助菜肴达到同步成熟，芡汁及着色均匀的目的。手勺在操作过程中有以下五种用法：

（1）拌法　运用煸、炒等烹调方法制作菜肴时，原料下锅后，先用手勺翻拌原料炒散，再结合翻勺动作，使原料受热均匀。

（2）推法　菜肴施芡或炒芡时，用手勺背部或勺口前端向前推炒原料及芡汁，以便扩大受热面积，使原料及芡汁受热均匀，成熟一致。

（3）搅法　有些菜肴在即将成熟时，往往需要烹入碗芡或碗汁。为了使芡汁均匀包裹原料，要用手勺侧面搅动原料或汤汁，促使原料和芡汁融为一体。

（4）拍法　在用扒、熘等烹调方法制作菜肴时，先在原料表面淋入水淀粉或汤汁，然后用手勺轻轻按压原料，促使芡汁由四周扩散渗透，也可利用按压判断原料成熟情况。

（5）淋法　淋法即在烹调过程中，根据需要用手勺淋入芡汁或明油，使之分布均匀，也是烹调菜肴时的重要工序。

能力培养

翻 勺 训 练

准备贝壳、玉米粒、沙袋、烹调设备工具，规范小翻勺、大翻勺和助翻勺的操作要领，进行翻勺训练。

活动要求：1. 翻勺要领和手勺综合运用训练。

2. 翻勺动作的连贯性和腕部运用训练。

3. 手勺盛取调料准确性训练。

项 目 测 试

一、填空题

1. 勺工就是烹调师在烹调菜肴过程中，根据 ＿＿＿＿＿ 特点，采用 ＿＿＿＿＿、＿＿＿＿＿、＿＿＿＿＿、＿＿＿＿＿、＿＿＿＿＿、＿＿＿＿＿、＿＿＿＿＿、＿＿＿＿＿ 等动作，使炒勺中的烹饪原料前后左右 ＿＿＿＿＿，协助菜肴在 ＿＿＿＿＿、＿＿＿＿＿、＿＿＿＿＿ 和 ＿＿＿＿＿ 等方面达到质量标准的专项技术。

2.翻勺的基本方法是按照原料在勺中运动 _____ 和 _____，可以分为 _____、_____ 等。

3.手勺在操作过程中的用法有 _____、_____、_____、_____、_____。

二、简答题

1.烹调过程中，翻勺具有哪些作用？

2.临灶操作的基本姿势有哪些要求？

3.作为一名烹调师，应该如何保养工具和设备？

4.结合烹调勺工的基本要求，简述应如何做好勺工工作。

单元 4　热菜的配菜

热菜配菜是厨房工作的核心，直接掌控产品制作的进程与质量。热菜配菜也是一个岗位，是厨房工作流程的纽带，协调各岗位部门为烹调岗位服务。热菜配菜不仅影响厨房工作的每个环节，我们还可以从菜肴组配过程中看到企业的经营理念和文化内涵。

本单元的主要内容有：（1）配菜认知；（2）热菜配菜的方法。

项目 4.1　配 菜 认 知

学习目标

知识目标：1. 理解中餐配菜的作用。
　　　　　2. 理解中餐配菜的要求。
技能目标：1. 能明晰热菜配菜任务。
　　　　　2. 能叙述配菜的工作标准。
素养目标：注重烹饪营养膳食和烹饪美学意识的培养。

一、配菜的作用

配菜就是根据菜肴或筵席的质量要求，将经过加工处理的烹饪原料，进行科学合理的搭配及组合的过程。实际工作中，配菜与刀工工序相连，与刀工岗位有着密切的关系。刀工岗位为配菜提供加工的净料，配菜直接为烹调做着准备。因此，人们往往把刀工和配菜合在一起，总称切配。其实，配菜有着独立的流程工序和岗位特点。要做好配菜工作，既要精通刀工，熟悉烹调方法，又要了解烹饪原料的基本属性。另外，优秀的配菜工作人员还要懂得食材的搭配原则，具备必要的营养卫生和烹饪美术知识等。

（一）配菜的类型

配菜包括的范围很广，但归纳起来有以下两种类型：一种是单一菜肴的组配，包括热菜和冷菜；另一种是筵席的配菜配餐。筵席的配菜配餐是在单一菜肴配菜的基础上发展而来的，是配菜的升华形式，本书将在筵席知识中另作阐述。

在菜肴制作过程中，热菜制作的基本工序为：烹饪原料初步加工→刀工处理→配菜→烹调→成品装盘→呈上筵席（食用）。配菜是在为烹调做着准备，组配的原料也必须经过烹调过程才能食用。而冷菜制作的基本工序为：烹饪原料初步加工→刀工处理→烹调成菜→刀工处理→冷菜配菜→呈上筵席（食用）。冷菜配菜是冷菜制作的最后一个环节，组配后即可直接食用。冷食配菜将以色彩和形态上的美学设计，操作中卫生素养习惯的培养为学习重点。因此，结合中式烹调技艺流程，本单元将重点讲述热菜的配菜。

（二）配菜的作用

（1）确定菜肴的质和量　菜肴的质是指一个菜肴构成的内容，即各种烹饪原料的配合比例。而菜肴的量，则是一个菜肴中所含烹饪原料的数量，也就是一个菜肴的单位定量。这二者都是通过配菜确定菜肴标准。在配菜过程中，掌握用料分量和各种烹饪原料的配合比例，是确保菜肴质量的重要前提。所以，配菜是确保菜肴质量的主要因素。

（2）确定菜肴的色、香、味、形　烹饪原料的形态，主要是依靠刀工完成的，但菜肴的完整形态，是依靠配菜确定的。配菜过程中，必须根据成品菜肴的美化要求，将各种相同形状的烹饪原料组配在一起，使之成为一个完美的整体。如果配合不规范、不协调，即使有精湛的刀工技术，菜肴整体形态也达不到美观的要求。虽然在配菜中，菜肴的色、香、味、形不能直接体现，需要经过加热和调味后才能显现出来，但各种烹饪原料本身，却各有特定的色泽、气味、口味和形状。将数种烹饪原料进行合理搭配，原料之间的相互调和及补充，会使菜肴迸发出各种特色气息。反之，如果原料不能相互补充，反而会相互掩盖排斥，菜肴的色、香、味、形将遭到破坏。所以，配菜是确定菜肴色、香、味、形的重要因素。

（3）确定菜肴的营养价值　各种烹饪原料在营养成分上是有差异的。而人体对营养素的需求是多方面的，某一种营养过多或缺失，均对人体健康无益。所以，在菜肴中营养素的搭配要力求全面合理。烹饪原料组配是否得当，营养素构成分析是配餐中的检验标准。例如，动物性原料中含有较多的脂肪和蛋白质，缺少维生素；而植物性原料中维生素含量丰富，但缺少蛋白质和脂肪。配菜过程中，将各种烹饪原料进行补充，从而提高了菜肴成品的营养价值。

（4）确定菜肴的成本　配菜中确定烹饪原料的分量和投放比例，直接影响着菜肴的成本。若配菜时用量不准确，烹饪原料比例不适当，都将影响菜肴质量，影响经营者和消费者的利益。所以，配菜是控制菜肴成本、加强经济核算的重要环节。

（5）使菜肴的形态多样化　对各种烹饪原料进行搭配，可以创造出新的菜肴品种。运用刀法、烹调方法，又可以体现多种菜肴风格，使菜肴呈现出多样化。

二、配菜的基本要求

配菜在菜肴制作过程中，担负着实现菜肴目标要求的组织和实施的重任，如果没有配菜环节，烹调工艺流程的各道工序就没有明确的生产目标和产品规范。中式配菜涉及的知识领域也较为广泛，要做好这项工作，需要我们在烹饪学习中达到以下要求：

（一）必须熟悉和了解烹饪原料知识

（1）熟悉烹饪原料的质地　了解烹饪原料的质地差异，可以区分韧性原料、软性原料、脆性原料等原料种类。配菜过程中要以适宜菜肴的制作为标准，结合原料质地特点合理搭配。另外，烹饪原料会受季节和产地影响，使原料质地发生变化。配菜人员必须熟悉烹饪原料的专业知识，具备原料辨别能力，才能顺利完成配菜工作。

（2）了解市场供应情况　市场上烹饪原料的供应不是一成不变的，会随着季节、采购运输等情况的变化而影响供应。配菜人员要了解市场行情及供应情况，顺应市场选择烹饪食材，对于市场供应紧缺的品种，合理开发利用替代品或采取其他手段，保证菜肴配菜质量。

（3）了解企业备货情况　要对企业备货和库存做好引导工作，这样才能确保供应好菜肴品种，配菜人员要及时向企业提供烹饪原料申购单，使企业中库存烹饪原料不积压，做到有序采购、合理备货。

（二）熟悉菜肴的文化背景和工艺特点

我国的菜肴品种繁多，各地区都有独特的风味菜肴，形成了地域菜肴特色。配菜人员要了解这些菜肴的名称和制作方法，还要明晰菜肴的投料标准、成形标准和工艺背景。另外，配菜人员对各地区的饮食文化特色和风土人情也要有知识积累，这样才能体现菜肴的文化内涵，保证菜肴质量。

（三）要精通刀工和烹调全过程

配菜是刀工和烹调的纽带。配菜人员，既要精通刀工流程，又要懂得烹调对烹饪原料的影响，各种烹调方法流程知识等内容。只有掌握了烹饪专业知识，才能做好配菜工作，使配送菜肴的半成品符合烹调要求。

（四）要掌握菜肴的质量标准及净料成本

配菜岗位是烹饪过程中的管理部门，不仅负责其他岗位的组织协调工作，还负责烹饪原料的配比核算、制定标准、质量监督等工作，主要包括以下内容：

（1）掌握烹饪原料从毛料到净料的损耗率和出品率。

（2）确定构成菜肴主料和配料的质量、数量及成本。

（3）根据企业毛利幅度，确定菜肴毛利率和售价。

（4）制定菜肴质量标准。如菜肴名称、投料标准、产品成本、产品毛利、产品售价。

（5）保证卫生配菜，主配料要分别放置。在配制菜肴的过程中，主配料不能相互混掺在一起，要依照烹调下锅顺序，将原料分别盛装，卫生配餐，减少原料浪费，避免造成生熟不均，影响菜肴质量。

（6）注重营养成分的组配。中式烹调的菜肴组配，要按照营养膳食规律进行。组配过程中要考虑营养成分给人体消化和吸收带来的益处，避免食材之间的营养成分相互影响，提高人们的健康饮食水平。因此，在配菜过程中，要掌握丰富的营养知识。

（7）配菜要具有审美感。配菜人员必须具备烹饪美学方面的知识，懂得构图和色彩等常识，以便在配菜中表现出菜肴特有的美感，使菜肴的形态和色彩更加协调，富有文化意境。

（8）善于推陈出新，研制开发新的菜肴品种。配菜人员不应固守陈规，应大胆尝试、研创开发。在继承传统烹调技艺的同时，应根据烹饪原料和烹调方法的特点，随着餐饮潮流的趋势，设计出富有营养，色、香、味、形俱佳，符合新时代餐饮特色的创新菜肴，满足中式餐饮的饮食需求。

能力培养

热菜的配菜训练

根据中餐配菜要求，采购并加工烹饪原料。根据配菜质量标准，进行主、配原料成本核算。

活动要求：1. 计算原料净料率和损耗率。

2. 计算菜肴主、配原料的成本。

3. 总结配菜的作用和基本要求。

项 目 测 试

一、填空题

1. 配菜就是根据 _____ 或 _____ 的质量要求，将经过 _____ 的烹饪原料，进行科学合理的 _____ 及 _____ 的过程。

2. 中餐配菜有 _____ 的组配，包括热菜和冷菜；还有 _____ 的配菜配餐。

3. 配菜部门制定菜肴的质量标准，主要包括 _____、_____、_____、_____、_____ 等。

二、简答题

1. 中餐配菜具有哪些作用？

2. 配菜岗位在菜肴的质量标准及净料成本上具体有哪些工作内容？

项目 4.2 热菜配菜的方法

学习目标

知识目标：1. 理解中式热菜配菜的原则。

2. 掌握中式热菜配菜的方法。

技能目标：1. 能按配菜要求，完成热菜的配菜。

2. 能按菜肴要求，对中式菜肴进行命名。

素养目标：注重中式烹饪文化传承和规范操作意识的培养。

一、热菜配菜的原则

热菜配菜过程中，工作重点是看主、配料搭配是否合理，比例是否恰当。所谓菜肴主料，是指在烹调过程中作为主要成分，占主导地位，起突出作用的烹饪原料。配料是指配合、辅佐、衬托和点缀主料的烹饪原料。热菜主料和配料搭配过程中应遵循以下原则：

1. 量的配合

菜肴的量是指烹饪原料配置的总量，也是菜肴的单位质量。通常是用相应的规格盛器容量，确定菜肴标准计量。配菜过程中，按照比例分别放于配菜盛器中，确定菜肴原料用量。

2. 色的配合

主、配料在颜色上的配合，一般是配料衬托主料。常用的配色方法有：

（1）顺色法　即主料和配料都选取同一色泽，追求菜肴简洁清爽。如糟熘三白，选用鸡片、鱼片、竹笋片搭配，这三种食材都保持固有的白色，菜品色泽和谐自然。

（2）花色法　主料和配料选取不同色泽，利用色泽反差，突出主料的地位。如滑熘鱼片，鱼片为白色，配料为菜心，以绿色作为衬托，白绿相间尽显色彩和谐。

3. 味的配合

菜肴加热烹调后，展现出诱人的香气和味感，并不单纯依靠调味。作为配菜人员，要会利用配菜知识，激发原料诱人的香气和口味，从而达到原料味的配合。

（1）以主料的香气和口味为主，配料衬托主料。例如东北菜肴小鸡炖蘑菇，以蘑菇的鲜香衬托鸡肉的肉香。配菜中要保持原料固有的味道，可配以无异味的原料凸显菜肴的鲜香味道。

（2）以配料的香气和口味补充主料的味道。有些烹饪原料味道较淡，需要其他原料作为补充，例如，海参等干货制品，经过水发除去腥味物质，鲜香味也随之流失，需要用火腿、高汤等作为配料增加鲜香味，而让原料更加激人食欲。

（3）主料的香气和口味过于油腻，适用清淡的配料进行调和，使菜肴的味道适中。如较为常见的以动物性原料为主料的菜肴中，搭配蔬菜作为配料。

4. 形的配合

原料形状的配合，不仅影响菜肴成品的感官效果，而且直接影响烹调过程及菜肴质量，是配菜的重要环节。形的配合遵循着配料适应主料形状、衬托主料形状的原则，从而达到突出主料的作用。主、配料的几何形状应相似，即块配块、片配片、丁配丁、丝配丝，但不论是何种形状，配料应当小于主料。另外，在许多情况下，主料和配料在形的配合上也要顺其自然，灵活掌握调配。如有些经过刀工处理的主料，加热后形成球形、扇形、花形等，而配料无法加工成类似形状，那就要视主料形状灵活处理。

5. 质的配合

在一份菜肴中，主料和配料质地上的配合决定了菜肴的质感。除应考虑烹饪原料的质地外，更重要的是要适应烹调方法的要求。

有些菜肴主料和配料的质地相同，主料的质地是脆性的，配料的质地也应是脆性的；主料是软性的，配料也是软性的，即脆配脆、软配软。如果主料与配料搭配不当，就会影响菜肴成品的质量。

还有些菜肴，配料和主料的质地并不要求相同或相似，如冬笋肉丝，肉丝软嫩，而冬笋脆嫩，但两者搭配在一起，只要火候与调味得当，菜肴质感就能够符合标准。在以炖、焖、烧、扒等烹调方法制作菜肴时，主料与配料软韧相配的情况也比较常见，但可以通过投料的先后顺序和火候调控，使菜肴的质感达到要求。

6. 营养成分的配合

烹饪原料的合理组配，能使成品菜肴中所含营养成分合理搭配，有利于人体消化和吸收，这是现代科学饮食的基本要求。单一烹饪原料所含的营养元素是不全面的，通过原料组配，有针对性地选择食材，可以补充菜肴营养的功能，符合中国传统饮食文化"医食同源"的思想。因此配菜人员必须了解不同食材的营养成分及其相互作用，做到合理配餐与烹调。

二、热菜配菜的常用方法

热菜配菜的基本方法，可以分为普通热菜组配和花色热菜组配两大类。普通热菜组配比较简单、朴实；花色热菜组配偏重操作技巧，对组配原料的色彩、形态标准规范严格。

（一）普通热菜组配

普通热菜按照主、配料组配比例，分为单一烹饪原料构成、主料和配料构成和多种原料不分主配料构成三种配菜形式。

（1）单一原料构成的菜肴　只需要按照菜肴的单位质量进行配菜，不需要与配料组合，如清炒虾仁。

（2）主料和配料构成菜肴　主料多于配料，配料衬托主料，如冬笋肉丝，肉丝（主料）的量应多于冬笋（配料）的量。

（3）多种原料不分主配料构成的菜肴（两种或两种以上）　原料配比不分主料和配料，用量基本相等，不分主次，如爆三样、烧二冬。

（二）花色热菜组配

花色热菜组配特别注重色、形方面，是赋予艺术性的菜肴。这种菜肴在刀工处理、组配成形等方面要求精细，成品菜肴造型美观、色彩悦目、营养丰富。

1. 花色热菜组配要求

（1）选料要精细，易于造型。

（2）色、香、味、形要和谐统一，合理膳食，富于营养。

（3）菜肴图案或形态要符合中餐艺术美感。

（4）运用食品雕刻、果酱盘饰等手段，突出菜肴文化美感。

2. 花色热菜组配方法

（1）叠　是将色泽各异的烹饪原料，间隔地重叠成片状，利用糊状或茸泥原料黏合成形的组配技法，如锅贴鱼。

（2）穿　是将加工出骨的烹饪原料空隙嵌入其他原料的技法，如龙串凤翅。

（3）酿　是以一种烹饪原料内部添酿其他烹饪原料，如八宝酿苹果。

（4）扣　就是将加工的烹饪原料组配码放在容器内，成菜后需覆扣成形的配菜方法，如梅菜扣肉。

（5）扎　又称捆，是将主料加工成条或片，再用粉丝、黄花菜等成束捆扎的配菜方法，如柴把鸡。

（6）包　就是将整只或加工成粒、丁、条、丝、茸等形状的烹饪原料，用糯米纸、油皮、荷叶、锡纸等包成菜肴的组配技法，如纸包鸡。

（7）串　就是利用竹扦、铁钎将加工成片、块等形状的烹饪原料穿在一起的组配方法，如羊肉串、五彩鹿肉串。

（8）卷　将柔软具有韧性的原料加工成片状，与刀工成形的其他原料滚卷成圆筒状的配菜方法，如酥炸如意卷、三丝鱼卷。

能力培养

热菜配菜训练

学生根据菜的要求准备烹饪原料、配菜盛器、加工工具，按照热菜配菜要求，完成配菜任务。

活动要求：1. 原料搭配合理，符合菜品标准。

2. 放置卫生规范，方便烹调制作。

3. 花色配菜操作，形态美观标准。

三、菜肴的命名

菜肴的命名对于配菜和烹调起着至关重要的作用。配菜人员必须熟知菜肴的名称，从名称中获得菜肴的组配信息。作为烹调岗位的烹调师，要根据烹饪原料的配菜情况获取菜肴名称，同时根据烹调方法和操作流程，制作出符合风味特色的菜肴。所以，菜肴的命名不仅赋予菜肴艺术享受，更是菜肴烹调流程中的重要标识。

（一）菜肴命名的原则

（1）菜肴命名要反映时代气息，具有思想性，具有现实的生活意义，文明而不媚俗。

（2）菜肴的命名要与菜肴的内容统一，直接反映菜肴信息。

（3）菜肴名称应充分体现菜肴特色和特征。

（4）菜肴命名要朴素大方，为群众喜闻乐见，不可牵强附会，不乱用辞藻。

（5）音韵和谐押韵，文字简洁明了，易于记忆流传。

（6）突出菜肴地方特色和文化背景。

（二）菜肴命名的常用方法

在实际工作中，菜肴命名有两种情况，一种是先构思菜肴名称，根据名称选取原料食材、加工成形、配菜配色、烹调定味，从而设计创作菜品。另外一种是研究创作出菜品，根据烹饪原料及形态口味等赋予菜肴名称。无论哪种形式，都要遵循菜肴命名的基本原则。

根据我国菜肴命名特点，归纳有以下命名方法：

（1）以烹调方法和主料名称命名，如油爆鲜贝、干炸里脊、清蒸加吉鱼。

（2）以烹饪原料和调味味型命名，如糖醋鲤鱼、咖喱牛肉、麻辣牛肉。

（3）以烹饪原料和菜肴的色泽、形态特征命名，如金银大虾、松鼠鱼。

（4）以某一突出的配料加主料名称命名，如辣子鸡、腰果西芹。

（5）以烹调方法和烹饪原料特征命名，如烧二冬、清炖狮子头。

（6）主料前加人名、地名、官名命名，如东坡肉、麻婆豆腐、宫保鸡丁。

（7）所用的烹饪原料和烹调方法都体现在名称之中，如醋熘肉片海米葱段、虾仔烧冬瓜。

（8）在主料前加上菜肴质感特点，如香酥鸭子、脆皮鲜奶。

（9）以菜肴盛器加原料名称命名，如汽锅鸡、羊肉涮锅。

（10）用象形和寓意典故的方法命名，如凤尾桃花虾、佛跳墙。

除以上方法外，还可以借用古今诗词、祝福词语及谐音等进行命名，如百鸟朝凤、龙凤呈祥、全家福、好事（蚝豉）发财（发菜）等。

能力培养

菜肴命名讨论

菜肴命名反映了中餐烹饪博大精深的文化历史背景，也体现了劳动人民对美好生活的向往与追求，请同学搜集菜肴名称进行讨论分析。

举例 10 个菜肴，根据菜肴名称，分析菜肴命名方法。

活动要求：1. 说明菜肴的主料和配料。

2. 说明菜肴的基本特征。

3. 举例说明菜肴的寓意典故。

一、填空题

1.主料,是指在烹调过程中作为 _____ 成分,占 _____ 地位,起 _____ 作用的烹饪原料。配料是指 _____ 、 _____ 、 _____ 和 _____ 主料的烹饪原料。

2.花色热菜组配的方法有 _____ 、 _____ 、 _____ 、 _____ 、 _____ 、 _____ 、 _____ 和 _____ 。

3.热菜的配菜主要原则分为 _____ 的配合、 _____ 的配合、 _____ 的配合、 _____ 的配合、 _____ 的配合、 _____ 的配合。

4.普通热菜按照 _____ 组配比例,分为 _____ 烹饪原料构成、 _____ 构成和 _____ 三种配菜形式。

5.主配料在颜色上的配合,一般是配料衬托主料。常用的配色方法有 _____ 和 _____ 。

二、简答题

1.结合味的配合,主、配料搭配有哪些原则?

2.根据我国菜肴命名特点,有哪些菜肴命名方法?

3.菜肴命名具有哪些原则?

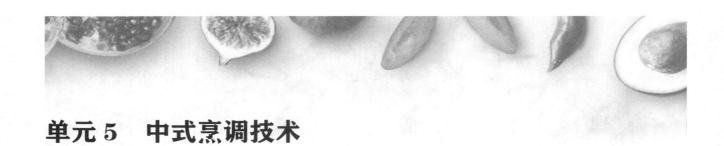

单元5　中式烹调技术

中式烹调以注重火候、味型丰富、食疗结合等特点闻名于世。伴随着烹调工艺的历史传承与不断创新，中式菜肴融合了多种烹调方式和烹调辅助手段，形成了中式烹调独有的技艺瑰宝和中餐饮食文化特色。

本单元的主要内容有：（1）火候知识；（2）烹饪原料的初步热处理；（3）中式烹调的辅助手段；（4）调味；（5）制汤；（6）菜肴烹调方法；（7）热菜装盘。

项目 5.1　火 候 知 识

学习目标

知识目标：1. 理解火候的概念、影响因素及操作原则。
　　　　　2. 掌握传热介质、传热方式对烹饪原料的影响。
技能目标：1. 会鉴别传热介质的温度变化。
　　　　　2. 能调节热源火力和温度，判定火候加热标准。
素养目标：注重培养学生安全意识和细致观察能力。

一、火力与火候

火的发明使人类从此开始食用熟食。对可食性食物进行熟化处理是人类历史发展的一个重要里程碑，进而逐渐形成了烹和调。现代人大量地运用各种热源，使可食的烹饪原料，经过人为的加工，制作成为在卫生、美感以及色、香、味、形、质、养等方面俱佳的菜肴。火的运用不仅对烹饪原料有杀菌消毒、保证菜肴食用安全的作用，而且还有助于烹饪原料的养分分解，利于人体消化和吸收；火的运用不仅能调和烹饪原料的滋味、确定菜肴的美味，还能促进菜肴风味的形成，并可改善菜肴的外观形态、色泽，同时促进菜肴不同质感的形成。火候在烹调技艺中占有至关重要的地位，因此熟练地掌握并运用火候，是中式烹调师必备的技能之一。

（一）火力的概念

火力是指各种能源经物理或化学变化转变为热能的程度。中式烹调多用明火，其火力的大小、强弱，除受气候冷暖和炉灶结构等因素的影响外，主要取决于燃料的种类、质量、数量以及空气的供应情况。燃料燃烧过程属于化学变化范畴，空气供应充足，燃料就能充分燃烧，可释放出大量热量，反之所释放的热量就少。因此，以燃料燃烧作为热源的炉灶，在使用同种燃料且数量、质量均一定时，调节火力强弱的关键是控制炉灶内空气的流通。随着人们环保意识的增强，现代厨房所用炉灶中，以电能转化成热能的炉灶大量普及。不论是远红外线烤箱、电磁灶，还是微波炉，都是以电能为热能的方式将烹饪原料加工成熟的，整个过程不见明火。虽不能直接观察到明火，但火力的大小鉴别可通过自动控制系统来完成。通过调节炉灶的通电时间，利用电磁原理甚至使用计算机程序控制，都可精确无误地提供给烹饪原料所需要的热量，使之达到成菜标准。其准确程度超过人的感官鉴定，是现代高科技在厨具上的具体体现，是传统厨具改革发展的方向。

（二）火力的鉴别

目前在餐饮行业中，以各种燃料为热源的加热设备多是明火，人们习惯将炉灶在燃烧时表现的形式，如火焰的高低、色泽，火光的明暗及热辐射的强弱等现象作为依据，鉴别火力的大小。根据火焰的直观特征，可将火力分为微火、小火、中火、旺火四种情况。

1. 微火

微火又称慢火。微火的特征是火焰细小或看不到火焰，一般呈暗红色，供热微弱，适用于焖、煨等烹调方法和菜肴成品的保温。

2. 小火

小火又称文火。小火的特征是火焰细小、晃动、时起时落，呈青绿色或暗黄色，光度暗淡，热辐射较弱，多用于烹制质地老韧的原料或制成软烂质感的菜肴，适用于烧、焖、煨等烹调方法。

3. 中火

中火又称文武火，是仅次于旺火的一种火力。中火的特征是火苗较旺，火力小，火焰低而摇晃，呈红白色，光度较亮，热辐射较强，常用于炸、蒸、煮等烹调方法。

4. 旺火

旺火又称武火、大火、猛火、烈火等。旺火的特征是火焰高而稳定，呈黄白色，光度明亮，热辐射强烈，热气逼人，多用于炒、熘、爆等烹调方法。

上述四种火力的划分，只是根据人的感官对火力的表面现象进行的描述，四种火力的用途在烹调实践活动中往往要根据需要交替或重复使用，不是一成不变的。

（三）火候的概念

在加工烹调过程中，根据成菜的质量要求，以及烹饪原料的性质、形状、数量等因素，运用不同的传热介质，通过一定的加热方式，在一定的时间内传递给烹饪原料一定的热量，使之发生一定的理化变化，进而使菜肴在色、香、味、形、质、养等方面达到要求，最后制成菜肴成品。所谓火候是指烹制过程中，将烹饪原料加工或制成菜肴，所需温度的高低、时间的长短和热源火力的大小。

（四）火候的要素及影响火候的因素

热源的火力、传热介质的温度和加热时间是构成火候的三个要素。在火候的运用中，三个要素总是相互作用、协调配合的。改变其中任何一个要素，都会对火候的功效带来较大的影响。

了解影响火候的因素，对掌握和运用火候是十分必要的。影响火候的因素主要有烹饪原料性状、传热介质用量、烹饪原料投料数量、季节变化等。

1. 烹饪原料性状对火候的影响

烹饪原料的性状是指烹饪原料的性质和形状。烹饪原料的性质包括原料软硬度、疏密度（俗称烹饪原料的老嫩）、成熟度、新鲜度等。不同的烹饪原料，由于化学成分、组织结构等的异同，会造成烹饪原料性质上的差异。相同的烹饪原料由于生长、养殖（或种植）、收获季节、贮藏期限等的不同，也会造成烹饪原料性质的差异。其性质上的差异必然会导致烹饪原料在导热性和耐热性上的不同。因此，在满足成菜质量标准的前提下，必须依据烹饪原料的性质来选择传热的媒介物和火候。烹饪原料的形状，指其体积的大小，块形的薄厚、粗细、长短等。一般在成菜制品要求和烹饪原料性质一定时，形体大而厚的烹饪原料在加热时所需的热量较多；反之则所需热量较少。所以，在制作菜肴时应根据上述因素的变化来调节火候。

2. 传热介质用量对火候的影响

传热介质的用量与传热介质的热容量有关，从而会对传热介质的温度产生一定的影响。种类一定的传热介质，用量较多时，要使其达到一定温度就必须从热源获取较多的热量，即传热介质的热容量较大，少量的烹饪原料从中吸取热量不会引起温度大幅度的变化。反之，热源传输较少的热量就可达到同样高的温度。此时传热介质的热容量较小，温度会随着烹饪原料的投入而急剧下降。要维持一定的烹制温度，就必须适当增大热源火力。可见，传热介质用量的多少会影响温度的稳定性。

3. 烹饪原料的投入量对火候的影响

烹饪原料的投入量对火候的影响，也是影响传热介质温度的因素。一定的烹饪原料要制作成菜肴，需要在一定的温度下用适当的时间进行加热，烹饪原料投入后会从传热介质中吸取热量，因而导致传热介质温度降低。要保持一定的温度，就必须有足够大的热源火力相配合，否则温度下降时，只有通过延长加热时间来使烹饪原料成熟。因此，烹饪原料投入量的多少，对传热介质的温度有影响。投入量越多，影响就越大；反之就越小。

4. 季节变化对火候的影响

一年四季中冬季、夏季的温度差异较大，环境温度一般都有几十摄氏度的差异。这必然会影响到菜肴烹制的火候。冬季气温较低，热源释放的热量中有效能量会有所减少。而夏季气温较高，热源释放的和传热介质载运的热量，较之冬季损耗要少得多。在冬季应适当增强火力，提高传热介质的温度或延长加热时间；在夏季则需要适当减弱火力，降低传热介质温度或缩短加热时间。故在制作菜肴时，应考虑季节变化对火候的影响。

（五）掌握火候的方法及一般原则

所谓掌握火候，就是根据不同的烹调方法和烹饪原料成熟状态对总热容量的需求，调节、控制好加热温度和加热时间，使其达到最佳状态的技能。由于烹饪原料种类繁多、形状各异，加热方法多种多样，要使菜肴达到烹调的要求，就必须在实践中不断地总结经验，掌握其规律，这样才能正确地掌握和运用火候。

1. 掌握火候的方法

烹制菜肴过程中的火候标准要依据烹饪原料受热后的变化，恰当地掌握调味、勾芡以及出勺的时机，是准确掌握火候的基本要领和方法。

（1）通过烹制菜肴过程中油温的变化来判定火候　掌握炒勺内油的温度高低，是以油面状态和烹饪原料入油后的反应为依据。应用中把油温分为低油温、中油温、高油温三个油温段。实际操作中一般靠目测的方法来判断油温，把油温按"成"来划分，即：三四成热，其油温在90~120℃，直观特征为无青烟，油面平静，当浸滑原料时，原料周围无明显气泡生成；四五成热，其油温在120~150℃，直观特征为油面无青烟，油面基本平静，浸滑原料时原料周围渐渐出现气泡；五六成热，其油温在150~180℃，直观特征为油面有青烟生成，油从四周向中间徐徐翻动，浸炸原料时原料周围出现少量气泡；六七成热，其油温在180~210℃，直观特征为油面有青烟缓缓升起，油从四周向中间翻动，浸炸原料时原料周围出现大量气泡，有急速的哗哗声；七八成热，其油温在210~240℃，直观特征为油面有青烟四起，油从中间往上翻动，用手勺搅动时有响声，浸炸时原料周围出现大量气泡翻滚并伴有爆裂声。其中，三四成热是低油温；五六成热是中油温；七八成热是高油温。

（2）通过烹饪原料成熟度的鉴别来掌握火候　火候必然通过炒勺中烹饪原料的变化反映出来。如动物性烹饪原料是根据其血红素的变化来确定火候的。油温在60℃以下时，肉色几乎无变化；油温在65~75℃时肉呈现粉红色；油温在75℃以上时肉色完全变成灰白色。如猪肉丝入锅烹调后变成灰白色，则可判定其基本断生。

（3）运用翻勺技巧掌握火候　熟练地运用翻勺技巧对于掌握火候也十分必要。根据菜肴在炒勺中的变化情况，判断翻勺的时机。这样才能使烹饪原料受热均匀，使调料均匀入味，使芡汁在菜肴中均匀分布。若出勺不及时，则会造成菜肴过火或失饪。

2. 掌握火候的一般原则

在烹制菜肴的过程中，人们根据烹饪原料的性状差异、菜肴制品的不同要求、传热介质的不同、投料数量的多少、烹调方法的不同等可变因素，结合烹调实践总结出以下掌握火候的一般原则：

（1）质老形大的烹饪原料需用小火、长时间加热。

（2）质嫩形小的烹饪原料需用旺火、短时间加热。

（3）成菜质感要求脆嫩的需用旺火、短时间加热。

（4）成菜质感要求软烂的需用小火、长时间加热。

（5）以水为传热介质，成菜要求软嫩、脆嫩的需用旺火、短时间加热。

（6）以水蒸气为传热介质，成菜质感要求鲜嫩的需用大火、短时间加热。而成菜质感要求软烂的，则需用中火、长时间加热。

（7）采用炒、爆烹调方法制作的菜肴，需用旺火、短时间加热（旺火速成、急火快炒）。

（8）采用炸、熘烹调方法制作的菜肴，需用旺火、短时间加热。

（9）采用炖、焖、煨烹调方法制作的菜肴，需用小火、长时间加热。

（10）采用煎、贴烹调方法制作的菜肴，需用中、小火，加热时间略长。

（11）采用汆、烩烹调方法制作的菜肴，需用旺火或中火、短时间加热。

（12）采用烧、煮烹调方法制作的菜肴，需用中火或小火、长时间加热。

综上所述，火候的掌握应以菜肴成菜的质量要求为准，以烹饪原料的性状特点为依据，还应根据实际情况随机应变、灵活运用。

二、烹制时的热源和传热方式

烹制的主要目的是通过热能的作用，使烹饪原料由生变熟。热能的产生及利用又离不开热源、炉灶和炊具。因此，了解烹制时所用热源的种类和传热方式等知识，对于学习和掌握烹制技艺具有一定的指导作用。

（一）烹制时的热源

热源，就是指热量的来源，通常指能够燃烧并发出热量的物体，也包括一些可以转变为热量的其他能量。热源在烹制中具有重要作用，理想的热源是确保菜肴质量的重要因素之一。烹制中的热源是指能够为烹调提供所需要热量的装置。

1. **热源应具备的条件**

（1）热量充足　热源能够按不同的烹调方法，达到它们所要求的火力或温度，以确保成菜质量。

（2）便于调节　热源能够按烹调不同阶段所需的火力进行调节，这就要求热源有能量调节装置，以便于调节火力的大小。

（3）使用便利　烹调是一项综合技能要求较高的工艺过程，也是一项较复杂的工作。使用方便的热源会提高工作效率，降低劳动强度。

（4）无污染　厨房卫生条件的优劣直接关系到菜肴的质量及操作者和食用者的身体健康。因此，卫生、无污染是对热源的一个基本要求。

（5）使用安全　热源的使用要安全可靠，以确保操作人员的安全。

（6）节省能源　能源是人类生存的条件，是人们共同关心的话题，因此，使用烹调热源时应力求节能。

2. **热源种类**

目前所使用的热源按存在的状态和载体的不同可以分为以下四种类型：

（1）固态热源　就是在常温、常压下以固体状态存在的燃料，如煤、木材、柴草。

（2）液态热源　就是在常温、常压下以液体状态存在的燃料，如柴油、酒精。

（3）气态热源　就是在常温、常压下以气体状态存在的燃料，如液化石油气、沼气、煤气、天然气。

（4）能态热源　它不是燃料，而是在一定条件下能够转变为热量的其他能量。烹制中以电能最为常见。

（二）烹制过程中的传热方式和传热介质

1. 传热方式

烹调过程中，大都采用传热能力强、保温性能优良的厨具。其目的就是更好地进行热传递，把热能通过厨具传给传热媒介或直接传给被烹原料，使其成熟。一般来说有三种基本传热方式，即热传导、热对流和热辐射。热传导、热对流均需借助于传热介质实现，而热辐射则是无介质传热。

（1）热传导　热传导是由于大量分子、原子或电子的相互撞击，使热量从物体温度较高部分传至温度较低部分的传热方式，是固体和液体传热的主要方式，如盐焗、泥烤、竹筒烤等烹调方法。

（2）热对流　以液体或气体的流动来传递热量的传热方式，称为热对流。热对流是以液体或气体作为传热介质的，在循环流动中，将热量传给烹饪原料。其过程是分子受热后膨胀，能量较高的分子流动到能量较低的分子处，把部分能量传给能量较低的分子直至达到能量平衡为止，如蒸、炸、煮等烹调方法。

（3）热辐射　热辐射不需要传热介质，是直接从热源沿直线方向将热量向四周发散出去，使周围物体受热的传热方式。烹调中热辐射的形式，主要是电磁波。电磁波是辐射能的载体，当其被烹饪原料吸收时，所运载的能量便会转变为热量，对烹饪原料进行加热并使之成熟。根据波长的不同，电磁波可分为很多种，在烹制传热中主要运用的是红外波段直接致热的热辐射和间接致热的微波辐射。

远红外线属于热辐射射线的范围，热辐射射线一般载有人体能感觉到的热量。远红外线不同于一般的热辐射，它不仅载有辐射热能，还具有较强的穿透能力。由于具有穿透能力，远红外线能深入到烹饪原料内部，不仅使烹饪原料表面被加热，而且能使烹饪原料内部分子吸收能量后发生物理变化，产生热量对烹饪原料加热（烘烤原料便是利用这一原理，同时也有热对流的作用）。因此远红外线加热具有热效率高、加热速度快的特点。

微波是一种频率较高的电磁波，它所运载的能量人体感觉不到，它不属于热辐射射线，因此不能对烹饪原料表面直接加热。微波加热的原理是利用较强的穿透力深入到烹饪原料内部，并利用其电磁场的快速交替变化，引起烹饪原料中水及其他极性分子的振动，使振动的分子之间相互摩擦碰撞而产生热量，进而达到加热的目的。

微波加热的特点是表里同时发热，不需要热传导，具有加热迅速、均匀，无热损失，热效率高等优点，基本保证原料原有的色、香、味、营养不受损失。但其表面不香脆、不易上色，与烘烤相比效果略有不同，若与油炸、烘烤等烹调方法相配合，将相得益彰。

2. 传热介质

传热介质又称传热媒介，简称热媒。它是烹调过程中将热量传递给原料的物质。在烹调过程中，常使用的传热介质有水、油、气、固体和电磁波（这里把电磁波也当成传热介质）。

（1）以水作为传热介质　水是烹调加工中最常用的传热介质，主要以热对流的方式传热。通过热对流把热量传递到烹饪原料表面，又由原料表面传输到原料内部，原料在一定的时间内吸收一定的热量，进而完成由生变熟的转化。根据传热介质（水、汤汁）向原料的供热情况，烹调中水传热方式又分为持续供热水传热、短暂供热水传热和一次供热水传热三种方式。以水为传热介质，具有以下特点：

① 沸点低、导热性能好。常压下水的沸点温度可达100℃，有杀菌消毒的作用。沸水呈不剧烈沸腾时，将热量传递给烹饪原料的能力最强，热交换多，且由于其导热性能好，便于形成均匀的温度场，使原料受热均匀，易使菜肴达到软嫩、酥烂的质感。如运用煮、炖、汆等烹调方法烹制原料，既能使烹饪原料达到成菜的标准，又能节省加热的时间。

② 比热容大、易操作。水的比热容大，导热性能好，因此水可贮存大量热量，加热后逐渐释放贮存的热量，使烹饪原料在均匀的温度场中均匀受热。水的溶解能力强，有利于烹饪原料的入味和各种烹饪原料间滋味的融合，便于掌握色泽，并可保证水溶性营养素充分溶解

在汤汁中不受破坏或流失。

③ 化学性质稳定。水的化学成分比较单一，其化学性质稳定且无色、无味，较长时间受热一般不会产生对人体有害的物质，能使烹饪原料保持自身的风味特色。

（2）以油作为传热介质　利用各种食用的植物油或动物油脂作为传热介质的加热方式称为油传热方式。与以水作为传热介质类似，油传热仍依靠传热介质向原料传热，而油脂本身受热则主要依靠热对流。以油脂作为传热介质，其特点如下：

① 沸点高、便于成熟。油脂的沸点较高，可达 300℃ 左右，并具有疏水性。高温的油脂可使烹饪原料失去大量水分，使菜肴获得香脆、酥松的口感，且能增香、上色，形成风味菜肴。此外，用油传热还能使烹饪原料迅速成熟，缩短加热时间，使一些质地鲜嫩的烹饪原料在加热过程中减少水分的流失，保持了酥脆、软嫩的特色。

② 适用性广。油的温度变化幅度大，适合于对多种不同质地的烹饪原料进行各种温度的加热，还可满足多种烹调方法的需要，使菜肴形成不同的质感。

③ 便于造型及改善菜肴营养。烹饪原料通过刀工处理（机械技术处理）后再用油加热，由于蛋白质变性，会使烹饪原料形状各异，增加菜肴的美感，同时可提高蛋白质的消化吸收率。油本身既是传热介质，也是营养素之一，具有人体必需的脂肪酸、维生素等。使用油脂也有利于人们对食物中脂溶性维生素的吸收。

④ 可使烹饪原料表面上色，产生焦香气味。由于油脂高温的作用，原料表面会发生明显的焦糖化反应和羰氨反应，不仅能使食物呈现出金黄、淡黄、棕红等诱人的色泽，而且还能形成独特的焦香气味，如"香酥鸡""软炸虾仁"等炸类菜肴。

（3）以气作为传热介质　气传热方式包括两种情况，一是用水蒸气传热，二是用干热气体（空气、烟气）传热。

① 以水蒸气作为传热介质。水蒸气又分为低压水蒸气、常压水蒸气和高压水蒸气三种类型。低压水蒸气是在水低温蒸发状态下形成的水蒸气与空气的混合物。低压水蒸气分压较小，温度较低。常压水蒸气是水被加热到常压沸点时形成的水蒸气，此时水蒸气分压等于 1 个大气压，温度也维持在 100℃ 左右。高压水蒸气则是水在一定压力容器中（如蒸箱、蒸笼、高压锅、较密闭的加热锅）沸点升高后所形成的饱和蒸汽，一般温度都在 105~125℃。

水蒸气传热是中式烹调较早使用的一种很有效的烹调传热方式。水蒸气传热主要以热对流的方式进行，水蒸气在烹饪原料表面凝结放热，将热量传输给烹饪原料，使其受热成熟。水蒸气传热主要有以下特点：

• 水蒸气传热迅速、有效、均匀、稳定。水蒸气本身受热，和水传热一样主要靠热对流方式进行。由于水蒸气在密闭的容器中，比水的沸点略高，吸收的热量多，因此使烹饪原料吸收的热量多，成熟速度快。

• 水蒸气加热保湿、保质、保味、保形。保持烹饪原料的适当水分，是水蒸气传热的一大优点。水蒸气加热能很好地保护烹饪原料营养素不受破坏或少受损失。水蒸气不具备水的溶解性能，加热过程中，可以保证呈味物质不致流失，保持新鲜烹饪原料的原汁原味。由于水蒸气传热不对烹饪原料产生翻转、冲动，有助于保持其形状。

· 加热时不易调味。由于水蒸气传热是处在密闭环境中进行的，所以加热过程中不易调味。一般采取烹制前或烹制后对烹饪原料进行调味的方法来弥补。

· 卫生清洁。以水蒸气作为传热介质，不会出现油烟污染环境的现象，不易产生有害物质，有利于人体健康，菜肴质感老少皆宜，烹饪原料的营养成分也易于人体消化吸收。

② 以干热气体作为传热介质。一般用于熏、烤等烹调方法。它是使用热源将空气、烟气加热，然后通过热对流，高温气体再对烹饪原料实施传热。它往往与热辐射同时进行，共同完成食物熟化过程。干热气体传热方式除基本具备水蒸气传热均匀、稳定、迅速的优点外，还有以下特点：

· 加热气体干燥，可以使被加热烹饪原料表皮干燥变脆，形成熏、烤食品的独特风味。

· 加热温度高，无温度上限。由于气体比热容很小，易升温，一般又无温度上限，故可形成高温气体，满足高温加热的需要。

· 烟气传热可以将特殊呈香味物质吸附在烹饪原料上，使菜肴成品形成特色风味。

（4）以固体作为传热介质　以固体作为传热介质纯粹依靠热传导受热、传热。这种方式原则上要求传热介质传热迅速或热容量较大，无毒、无害，方便易得，能形成某种风味特色。常见的有泥沙传热、石块传热、盐粒传热、竹筒传热等形式，如"叫花鸡""盐焗鸡""竹筒烤鸡"等菜肴。以上传热方式的共同特点是：

① 受热均匀。一般操作时传热介质（如食盐、沙粒）必须不断翻炒，或埋没烹饪原料，这样才能使烹饪原料受热均匀。

② 菜肴成品风味独特，烹饪原料的香气和滋味不但密封无泄漏，有些还增加了包裹物的特殊香气（如竹筒、荷叶的清香挥发物）。

③ 选择此种方法烹制原料，要防止固态性材料（如泥沙）对烹饪原料直接黏附和污染。

④ 加热时虽然温度在原则上无上限，但要控制好热源温度和加热时间。

（5）以热辐射传热　无线电波、微波、红外线、可见光波、紫外线等都是波长不同、具有不同能量的电磁辐射，也称电磁波。它们波长越短，单位能量越高。烹调时的热辐射主要由红外波段的直接热辐射和间接致热的微波辐射两类辐射组成。它们的特点是：

① 要求热源有较高温度。

② 热辐射传热迅速，不需要介质传递。

③ 清洁卫生，不易发生介质的污染。

④ 对烹饪原料具有一定穿透能力。

⑤ 加热过程中不易调味。

三、烹制过程中原料的变化

烹饪原料在烹制加工过程中会发生多种理化变化。主要的物理变化有分散、渗透、熔化、凝固、挥发、凝结等。主要的化学变化有变性、糊化、水解、氧化、酯化等。烹饪原料在理化变化的作用下，其形状、色泽、质地、风味等均有所变化，其中火候的运用是其变化的关键之一。研究这些变化，对恰当地掌握火候，最大限度地保持食物中的营养成分，制成色、香、味、形俱佳的菜肴具有指导意义。

（一）分散作用对烹饪原料的影响

分散作用是指烹饪原料成分从浓度较高的地方向浓度较低的地方的扩散（还包括固态成分的溶解分散）。如制汤时汤料以水作为传热介质，原料在烹制中所含的水分受热后其分子加速运动，促进了分散作用，可使汤汁中的各种成分均匀分布，达到一定的浓度，使汤汁味道鲜美。再如新鲜蔬菜和水果细胞中富含水分，细胞间起连接作用的植物果胶硬而饱满，加热时果胶软化溶解于水中成为胶液，同时细胞破裂，其中部分矿物质、维生素及其他水溶性物质也溶于水中，整个组织变软。所以蔬菜和果品加热后，其汤汁中含有丰富的营养素，是菜肴营养的重要组成部分，不宜弃去，应尽量食用。果品自身含果胶较多，烹制中利用分散作用，可加入少量水制成各种果酱、果冻和蜜汁类菜肴。

烹调时淀粉的变化过程最为典型。淀粉是烹调时制作菜肴常用的辅助性烹饪原料，当其在水中被加热到60~80℃时，会吸水膨胀分裂，形成体积膨大、均匀，黏度较高的胶状物，这就是淀粉的糊化。烹调时的勾芡就是利用了淀粉的糊化，使菜肴中的汤汁变得浓稠，让汤汁完全依附在主、配料的表面，使菜肴的色、香、味、形俱佳。挂糊、上浆时，淀粉与蛋白质溶胶混合受热糊化，可在烹饪原料表层形成凝胶状保护层，从而达到保护菜肴营养成分的目的。

（二）水解作用对烹饪原料的影响

烹饪原料在水中加热或在非水物质中加热，使营养素在水的作用下发生分解，属于化学变化。如淀粉虽属于多糖类，但其本身无甜味，水解后产生部分麦芽糖和葡萄糖而略有甜味。肉类结缔组织中的胶原蛋白水解后可使烹饪原料具有软烂的质感，并成为有较强亲水性的动物胶（明胶），冷却后即凝结成冻胶，利用这一原理可制作肉皮冻等菜肴。蛋白质可水解成各种氨基酸，氨基酸是鲜味的主要来源之一，是水解作用的结果。故制汤时一般宜选用含蛋白质多的烹饪原料，以使蛋白质充分水解，使汤汁醇厚。

（三）凝固作用对烹饪原料的影响

凝固作用是指加热过程中，原料中蛋白质空间结构遭到破坏，即热变性。如鸡蛋液受热后结成块状；肉丝在滑油时，长时间加热会使肉质变得老韧；汤中的盐使蛋白质沉淀析出等。一般来说，蛋白质的凝固过程受吸收热量的多少和电解质的影响，吸收热量越多，温度升高越快，蛋白质热变性就越快。肉丝、肉片如加热过度也会造成肉质的老韧。如果溶液中有电解质存在，蛋白质的凝结速度会加快。

食盐在烹调中起调味作用，它是一种强电解质，可促进蛋白质的凝结。因此，在烹调蛋白质含量较多的烹饪原料时，若先加盐，则会使蛋白质过早凝结，影响烹饪原料中营养成分的溶解，并不易吸水膨胀而软烂。故制汤或用烧、炖烹调方法制作菜肴时，不宜过早放盐，以保证汤汁浓、味鲜美和菜肴成品的质感。

（四）酯化作用对烹饪原料的影响

酯化作用是指醇类物质与有机酸共同加热产生具有芳香气味的酯类物质的反应。如烹饪原料中的氨基酸、核酸、脂肪酸，食醋中的乙酸与料酒中的乙醇共热均可发生不同程度的酯化反应，生成具有芳香气味的酯类物质。酯类物质具有较强的挥发性，有极浓的芳香气味，故有些动物性原料在烹调加热时烹入适量料酒，尤其做鱼时适量烹入料酒、食醋，不仅能增加芳香气味，还可去腥解腻。

（五）氧化作用对烹饪原料的影响

氧化作用是一种化学反应，在烹调加热时油脂及维生素最易发生这种反应。油脂的加热是暴露在空气中的，并在高温下连续使用。在这种状态下，油脂与空气中的氧在高温下直接接触，发生高温氧化反应，这与常温下油脂的自动氧化是有区别的。高温氧化反应中所产生的某些醛、醇、酸及过氧化合物对人体危害极大，所以烹调中使用的油脂要避免高温反复加热，且油脂要常更换。

烹饪原料中多数维生素在加热时与空气接触，很容易被氧化，并使烹饪原料变色。如果再与碱性物质或铜器接触，氧化更为迅速。烹饪原料在烹调时损失最多的是维生素，尤以维生素C最甚，其次是维生素B_1、维生素B_2等。这些维生素多存在于新鲜蔬菜中，所以在烹制蔬菜原料时要采用旺火速成的烹调方法，如爆、炒。另外，烹调时要尽量减少原料在炒勺内的加热时间，且不宜放碱性物质及选用铜制炊具。

（六）其他作用对烹饪原料的影响

烹饪原料在加热时除产生上述作用外，还产生其他各种各样的理化变化。例如，油脂经高温处理，会产生一些芳香物质；肉类蛋白质与糖在高温下的美拉德反应；淀粉及其他糖类物质的糊精反应及焦糖化反应，形成金黄色和棕红色等。这些反应相互作用，对菜肴的色、香、味、形、质、养等都会产生不同程度的影响。

能力培养

判断油温训练

准备油锅并加热，先用目测的方法，运用本项目所学知识判断油温；再运用油温温度计测量实际温度，检验感官判断油温方法，形成判断油温的基本能力。

活动要求：1. 判断低油温。

2. 判断中油温。

3. 判断高油温。

项 目 测 试

一、填空题

1. 火力是指各种能源经 _____ 或化学转变为 _____ 的程度。

2. 根据火焰的直观特征，可将火力分为微火、小火、中火、_____ 四种情况。

3. 所谓火候是指烹制过程中，将烹饪原料加工或制成菜肴，所需 _____ 的高低、_____ 的长短和热源火力的大小。

4. 常见热源的种类有固态热源、_____、气态热源、能态热源等。

5. 热源的火力、_____ 的温度和加热 _____ 是构成火候的三个要素。

二、选择题

1. 烹制质老形大的烹饪原料需用（　　　　）。

　　A. 大火、长时间加热　　　B. 小火、长时间加热　　　C. 大火、短时间加热

2. 烹制质嫩形小的烹饪原料需用（　　　　）。

　　A. 大火、长时间加热　　　B. 小火、长时间加热　　　C. 旺火、短时间加热

3. 采用炒、爆烹调方法制作的菜肴需用（　　　　）。

　　A. 旺火速成　　　　　　　B. 小火、长时间加热　　　C. 小火、长时间加热

三、判断题

1. 油温三四成热，其温度在 90~120℃，直观特征为油面无青烟，油面基本平静，浸滑原料时原料周围渐渐出现气泡。（　　　　）

2. 采用汆、烩烹调方法制作菜肴，需用旺火或中火、短时间加热。（　　　　）

3. 猪肉丝入锅烹调后变成灰白色，则可判断其基本断生。（　　　　）

四、简答题

1. 学习火候知识，对烹制菜肴有何意义？

2. 如何鉴别火力？

3. 火候的本质及其作用是什么？

4. 试举例说明如何掌握火候。掌握火候的一般原则是什么？

5. 烹制菜肴时的热源应具备哪些条件？

6. 如何正确识别油温？怎样掌握控制好油的温度？

7. 试比较相同烹饪原料在烹制时运用不同的传热方式、传热介质，其菜肴成品质量的异同。

8. 烹制过程对烹饪原料有何影响？

项目 5.2　烹饪原料的初步热处理

学习目标

知识目标：1. 理解烹饪原料初步热处理的作用和原则。

2. 掌握烹饪原料初步热处理的基本要求。

技能目标：1. 会根据烹饪原料选择初步热处理方法。

2. 能完成烹饪原料初步热处理基本操作。

素养目标：注重培养学生遵守规程和安全操作的工作意识。

烹饪原料的初步热处理，是根据成品菜肴的烹制要求，在正式烹调前用水、油、蒸汽等传热介质对初加工后的烹饪原料进行加热，使其达到半熟或刚熟状态的加工过程。烹饪原料的初步热处理，是原料正式烹调前的一个重要环节；为正式烹制菜肴奠定了基础；是整个菜肴烹调过程中的一项基础工作。它直接关系到成品菜肴的质量，具有较高的技术性。烹饪原料的初步热处理包括焯水、过油、汽蒸、走红等。

一、焯水

焯水又称出水、冒水、飞水、水锅等，是指把经过初加工后的烹饪原料，根据用途放入不同温度的水锅中加热到半熟或全熟的状态，以备进一步切配成形或正式烹调之用的初步热处理。

焯水是较常用的一种初步热处理。需要焯水的烹饪原料比较广泛，大部分植物性烹饪原料及一些有血污或腥膻气味的动物性烹饪原料，在正式烹调前一般都要经过焯水处理。

（一）焯水的作用

1. 可使蔬菜保持鲜艳的色泽

大多数新鲜绿叶蔬菜含有丰富的叶绿素。细胞死亡后会激活叶绿素分解酶的活性，促使叶绿体分解。绿叶蔬菜经焯水，可以使叶绿素分解酶失活，同时可溶解植物体内鞣酸、草酸等酸性物质，阻止叶绿素向脱镁叶绿素转变，进而保持蔬菜鲜艳的绿色。

新鲜蔬菜表面还附着一层蜡膜，起着防御病虫害的自我保护功能，但这种蜡膜在一定程度上会阻碍人们对蔬菜颜色的感受。蔬菜经焯水后蜡膜溶化，提高了人们对蔬菜颜色的感受。因此，焯水不但能防止蔬菜变色，还能提高蔬菜的鲜艳程度。

2. 可以除去异味

异味指的是烹饪原料中的苦味、涩味、腥味、臭味等。这些味道在某些蔬菜及动物的脏腑中广泛存在，它们都属于极性分子或具有亲水基团，易溶于水，有些还可以在加热过程中被分解、挥发。比如草酸的涩味、芥子油的苦辣味、尸胺的臭味等，绝大部分可在热水中被分解掉。另外，血污较多的动物性烹饪原料还可以通过焯水的方法去除血污。

3. 可以调整烹饪原料的成熟时间

各种烹饪原料的成熟时间差异很大，有的需数小时，有的数分钟即可。而在正式烹调时，往往要把数种质地不同、成熟时间不同的烹饪原料组配在一起。如"熘三样"中的猪肝、猪肚、猪肠三种原料，猪肝的成熟时间最短，只需断生即可，而猪肚、猪肠则要求软烂，成熟时间较长。因此，必须焯水预先使猪肚和猪肠达到软烂的程度，然后再与猪肝共同烹调，最终达到同时成熟的目的。显然焯水可以有意识地调整烹饪原料的成熟时间，使其成熟程度达到一致。

4. 可以缩短正式烹调时间

经焯水的烹饪原料能达到正式烹调要求的初步成熟度，因而可以大大缩短正式烹调的时间。焯水对于要求在较短时间内迅速制成的菜肴显得更加重要。

（二）焯水的方法

根据投料时水温的高低，焯水可分为冷水锅焯料和沸水锅焯料两种方法。

1. 冷水锅焯料

冷水锅焯料是将加工整理的烹饪原料与冷水同时入锅加热至一定程度，捞出漂洗后备用的焯水方法。

（1）操作程序　将加工整理的烹饪原料洗净后放入锅中→注入冷水→加热→

冷水锅焯料
演示

翻动原料→控制加热时间（使原料达到要求）→捞出用冷水过凉备用。

（2）操作要领

① 烹饪原料在加热过程中应不时翻动，使其均匀受热。

② 在焯水过程中，应根据原料的质地、切配的要求及烹调的需要，有次序地分别放入和取出烹饪原料。

（3）适用原料　冷水锅焯料主要适用于腥、膻、臭等异味较重、血污较多的动物性烹饪原料，如牛肉、羊肉、肠、肚、肺。这些烹饪原料若沸水入锅，表面会因骤受高温迅速引起表面蛋白质变性而立即收缩，内部的异味物质和血污也因蛋白质变性凝固而不易排出，达不到焯水的目的。一些含有苦味、涩味的植物性烹饪原料也要用冷水锅焯料，如笋、萝卜、马铃薯、山药，这些植物性烹饪原料中的苦味、涩味只有在冷水锅中逐渐加热才能消除。由于这些植物性烹饪原料的体积一般较大，需经较长时间加热才能成熟，若在水沸后入锅就会发生外烂里不熟的现象，无法达到焯水的目的。

2. 沸水锅焯料

沸水锅焯料是将锅中的水加热至沸腾，再将烹饪原料放入，加热至一定程度后捞出备用（蔬菜类原料要迅速用冷水过凉后备用）的焯水方法。

（1）操作程序　洗净加工整理的烹饪原料→放入沸水锅内加热→翻动原料→迅速烫好→捞出（蔬菜类原料要迅速用冷水过凉）备用。

（2）操作要领

① 沸水锅焯料必须水宽火旺，一次下料不宜过多。

② 严格控制焯水时间，不可过火。

③ 植物性烹饪原料焯水后应迅速过凉，以防变色、变味、变软。

④ 肉类烹饪原料焯水前必须洗净，焯水时间应视成菜要求掌握，以免影响烹饪原料风味和菜品质量。

（3）适用原料　沸水锅焯料主要适用于色泽鲜艳、质地脆嫩新鲜的植物性烹饪原料，如菠菜、黄花菜、芹菜、油菜。这些原料体积小，含水量高，叶绿素丰富，易于成熟。如果用冷水锅焯料，则加热时间过长，水分和各种营养物质损失较多。所以，这些原料必须沸水下锅，用旺火迅速烫制。沸水锅焯料还适用于一些腥膻异味较小、血污较少的动物性烹饪原料，如鸡翅、鸭肫。这些原料放入沸水锅中稍烫，便能除去血污，减轻腥膻等异味。

（三）焯水时的注意事项

1. 要根据烹饪原料的质地掌握好焯水时间

各种烹饪原料质地有老嫩、软韧之分，形状有大小、粗细、薄厚之别，因而在焯水时应区别对待，分别控制好焯水的时间。体积厚大、质地老韧的原料，焯水时间可长一些；体积细小、质地软嫩的原料，焯水时间应短一些，以使之符合正式烹调的需要。

2. 有特殊味道的烹饪原料应分别处理

有些原料有很重的特殊气味，如羊肉、牛肉、肠、肚、芹菜、萝卜，这些原料应与一般原料分开焯水，以免各种烹饪原料之间吸附和渗透异味，影响原料的本味。如果使用同一锅进行焯水时，应先将无异味或异味较小的原料焯水，再将异味较重的原料焯水。这样既可节省时间，又可避免相互串味。

3. 深色与浅色的烹饪原料应分开焯水

焯水时要注意原料的颜色和加热后原料的脱色情况。一般浅色的烹饪原料不宜同深色的烹饪原料同时焯水，以免浅色的烹饪原料被染上其他颜色而失去其原有的色泽。

（四）焯水对烹饪原料的影响

焯水过程中，烹饪原料受热后会发生种种理化现象，这些现象多数有益于烹调，是我们可以利用的，如除去鞣酸、草酸、芥子油、尸胺。但是，焯水也会使部分营养素流失，特别是一些水溶性维生素，如 B 族维生素、维生素 C 等。因此，在焯水过程中应注意以下三个方面的问题：

（1）可焯水可不焯水的原料，一般不要焯水。如某些无异味的蔬菜，在烹调中如不影响加热时间，可直接用于烹调。

（2）尽量缩短焯水的时间。这对于蔬菜来说更重要，焯水时间过长会使水溶性维生素大量流失。

（3）蔬菜焯水后应迅速进行切配、烹调，缩短放置时间。

二、过油

过油又称油锅，是指在正式烹调前以食用油脂为传热介质，将加工整理过的烹饪原料制成半成品的初步热处理。它对菜肴的色、香、味、形、质、养的形成起着重要作用。

（一）过油的作用

1. 可改变烹饪原料的质地

需要过油的烹饪原料含有不同程度的水分，而水分又是决定烹饪原料质地的重要因素之一。过油时，利用不同的油温和不同的加热时间，不但可使烹饪原料的水分含量与未加热前产生差异，而且使烹饪原料皮层与深层的水分含量也发生变化，从而改变烹饪原料的质地。

2. 可改变烹饪原料的色泽

过油可通过高温使烹饪原料表面的蛋白质变性，同时，在糖类物质参与下发生美拉德反应，过油时的高温还促使淀粉水解成糊精。烹饪原料表面的这些变化会使其产生悦目的色泽。

另外，各种各样的糊状物的存在也会使烹饪原料表面产生滋润光泽之感。

3. 可以加快烹饪原料成熟的速度

过油是对烹饪原料的初步加热，但由于加热时具有很高的温度，可使原料中的蛋白质、脂肪等营养成分迅速变性或水解，从而加快了烹饪原料的成熟速度。

4. 改变或确定烹饪原料的形态

过油时烹饪原料中的蛋白质在高温下会迅速凝固，使烹饪原料的原有形态或加工后的形态，在继续加热和正式烹调中不被破坏。

（二）过油的方法

1. 滑油

滑油演示

滑油是指用温油锅将加工整理好的烹饪原料滑散成半成品的一种过油方法。滑油的油温一般控制在五成以下。有的烹饪原料需要采用上浆处理，旨在保证其不直接接触高温油脂，防止原料水分外溢，进而保持其鲜嫩柔软的质地。滑油多适用于炒、熘、爆等烹调方法。

（1）操作程序　烹饪原料加工整理→烹饪原料上浆（或不上浆）处理→洗净油锅（擦干水分）加热→放油加热（控制在五成以下）→放入烹饪原料滑散至半熟或断生→捞出沥油备用。

（2）操作要领

① 油锅要擦净，预热后再注入油脂加热（即热锅凉油），防止烹饪原料入油后粘锅。

② 滑油时上浆的小型烹饪原料（丁、丝、片、条等）应分散下入油锅，防止粘连，要适时地用筷子将烹饪原料滑散。

③ 滑油时应视烹饪原料的多少，合理调控好油量和油温。

④ 成品菜肴的颜色要求洁白时，应选取洁净的油脂，以确保烹饪原料的颜色符合成菜标准。

（3）适用原料　滑油的适用范围较广，家禽、家畜、水产品等烹饪原料均可。其形状大多是丁、丝、片、条等小型原料。

2. 走油

走油演示

走油又称油炸，是一种用油量大且油温高的过油方法。因其油温较高，所以能迅速地蒸发烹饪原料表面和内部水分，进而达到定型、上色、形成质感的目的。

（1）操作程序　烹饪原料加工整理→烹饪原料挂糊（或不挂糊）处理→洗净油锅（擦干水分）加热→放油加热（六成以上）→烹饪原料放入油中加热至半熟或断生→捞出备用。

（2）操作要领

① 油量要宽，应多于烹饪原料数倍（以浸没过原料为宜），使其受热均匀、成熟一致。

② 成品菜肴的质感要求是外酥里嫩时，应重油复炸，确保质感的形成。

③ 大块烹饪原料走油处理时，应分散入锅，以防止烹饪原料因骤然接受高温而相互粘连在一起，影响成品菜肴的质量。

④ 带肉皮的烹饪原料走油时，应肉皮朝下，这样可使其受热充分，达到酥松的效果。

⑤ 待烹饪原料表面基本定型后，再行推动（翻动），否则易损坏其形状或造成脱糊的现象，而影响成品菜肴的质量。

⑥ 走油时必须注意安全，防止热油飞溅。因烹饪原料表面骤然接受高温，水分汽化并迅速逸出而引起热油四处飞溅，容易造成烫伤事故，因此要设法防止。防止热油飞溅的方法是：入油前应将烹饪原料表面的水分揩干；烹饪原料入锅时，尽量缩短其与油面的距离。

⑦ 走油时应视烹饪原料的多少、形状的大小，合理调控好油的温度和油量。

（3）适用原料　走油的适用范围较广，家禽、家畜、水产品、豆制品、蛋制品等烹饪原料均可。这些烹饪原料的形状较大，以整块、整只、整条等为主，如整鸡（鸭）、肘子、整鱼。

（三）过油的注意事项

采用过油使原料成为半成品，这与烹调方法的炸制有着很大区别。因此，在运用上要注意下面四个问题：

1. 根据正式烹调的要求确定成熟度

过油只是对烹饪原料的初步加热，更主要的成熟阶段是正式烹调。正式烹调直接决定菜肴的各种特性，而过油只是为实现这些特性提供间接的服务。因此，过油时不要强求烹饪原料的完全成熟，以免影响菜肴的质量。

2. 根据成品特点灵活掌握火候

成品菜肴的火候是各个加热环节的火候的组合，任何一个加热环节火候掌握不当，都会影响成品菜肴的质感。根据成品特点进行初步热处理，是初步热处理的基本原则。因此，过油时，要根据烹饪原料的质地、成品的质感要求来选择油温及加热时间。

3. 根据成品要求掌握色泽

进行滑油处理时，半成品如需要颜色洁白，则应选取洁净的油脂进行加热处理，且油温不宜过高。为半成品增色也是初步热处理的目的之一，而半成品的色泽要服从于成品菜肴的色泽。走油时，半成品的色泽一般掌握在比成品色泽稍浅一些为宜。因为半成品在正式烹调时还要加热和添加调料等进一步增色。如半成品色泽过深，烹调时难以调整，将影响菜肴成品的质量。

4. 半成品不可放置过久

半成品久置不用，会导致品质下降。如半成品吸湿回软，糊中的淀粉脱水变硬、老化、干缩等，均会对菜肴成品的质量造成影响。

三、汽蒸

汽蒸又称汽锅、蒸锅，是将已加工整理过的烹饪原料装入蒸锅，采用一定的火力，通过蒸汽将烹饪原料制成半成品的初步热处理。

汽蒸是很有特色的初步热处理，具有较高的技术性。在封闭状态下要掌握加热的火候，就必须对烹饪原料的质地和体积、加热的温度、加热所需时间和总供热量等有所了解，这样才能达到成品菜肴的质量要求。

（一）汽蒸的作用

1. 可保持烹饪原料的形态

烹饪原料经加工后放入蒸锅，在封闭状态下加热，由于无翻动、无较大冲击，所以半成品可保持入蒸锅时的原有状态（可根据烹调菜肴的需求定型）。

2. 可以保持烹饪原料的原汁、原味和营养成分

汽蒸是在温度适中的环境中进行的初步热处理。整个加热过程中不存在过高的温度，使用2个大气压力（202.65 kPa）的水蒸气，温度也仅在120℃左右，所以，汽蒸能避免烹饪原料中的营养素在高温缺水状态下遭受破坏。这种热处理还不会导致脂溶性、水溶性营养素及呈味物质的流失，使烹饪原料具有较佳的呈味效果。

3. 能缩短正式烹调时间

烹饪原料通过汽蒸可基本或接近成熟。如"香酥鸡"，通过汽蒸使鸡肉达到软烂脱骨而不失其形的标准，在正式加热时只需将鸡的表面炸酥脆即可。许多原料在汽蒸作用下已成为半熟、刚熟或成熟的半成品，这样可以大大缩短正式烹调时间。

（二）汽蒸的方法

汽蒸时，根据原料的质地和蒸制后应具备的质感，可分别采用旺火沸水猛汽蒸（大火汽足）和中火沸水缓汽蒸（中小火汽弱）两种方法。

1. 旺火沸水猛汽蒸

旺火沸水猛汽蒸演示

旺火沸水猛汽蒸是将经加工整理的烹饪原料装入蒸锅，采用旺火沸水足量的蒸汽将原料加热至一定程度，制成半成品的汽蒸方法。

（1）操作程序　蒸锅内添水加热→待水沸有大量蒸汽时将烹饪原料置于笼上→蒸制→出笼备用。

（2）操作要领

① 蒸制原料时，火力要大，水量要多，蒸汽要足，密封要好，这样才能保证达到半成品的质量标准。

② 蒸制时间的长短，应视烹饪原料的质地、形状、体积及菜肴半成品的要求而定。

（3）适用原料 旺火沸水猛汽蒸主要适用于形体较大或质地老韧的原料，如干贝、整只鸡、整块肉、整条鱼、整个肘子的初步热处理。

2. 中火沸水缓汽蒸

中火沸水缓汽蒸是将经加工整理的烹饪原料装入蒸锅，采用中火沸水少量的蒸汽将原料加热至一定程度，制成半成品的汽蒸方法。

中火沸水缓
汽蒸演示

（1）操作程序 蒸锅内添水加热→待水沸有少量蒸汽时将烹饪原料置于笼上→蒸制→出笼备用。

（2）操作要领

① 蒸制原料时火力要适当，水量要充足，蒸汽不宜太大，这样才能保证原料达到半成品的质量标准。若火力过大、蒸汽过猛，则会使烹饪原料产生蜂窝、质老、变色等现象。有图案的造型工艺菜的形态，还会因此遭到破坏。发现蒸汽过足时，可采用减小火力或放汽的方法，来降低笼内的气压。

② 蒸制时间的长短，应视成品菜肴的质量要求而定。

（3）适用原料 中火沸水缓汽蒸主要适用于鲜嫩、易熟的烹饪原料以及经加工制成的半成品，如蛋黄糕、蛋白糕、鱼糕、虾肉卷、芙蓉底的初步热处理。

（三）汽蒸的注意事项

初步热处理的汽蒸不同于烹调方法中的"蒸"，在运用上应注意以下三个方面：

1. 注意与其他初步热处理的配合

许多烹饪原料在汽蒸处理前还要进行其他方式的热处理，如过油、焯水、走红等。各个初步热处理环节都应按要求进行，以确保每一道工序都符合要求。

2. 调味要适当

汽蒸属于半成品加工，必须进行加热前的调味。但调味时必须给正式调味留有余地，以免口味太重。

3. 要防止烹饪原料间互相串味

多种烹饪原料同时汽蒸时，要防止汤汁的污染和串味。由于烹饪原料不同、半成品不同，所表现出的色、香、味也不相同。因此，汽蒸时要选择最佳的方式合理放置烹饪原料，防止串味、串色。味道独特，易串色的烹饪原料应单独处理。

四、走红

走红又称上色、酱锅、红锅，是将一些经过焯水或走油的半成品烹饪原料放入各种有色的调味汁中进行加热，或将原料表面涂上某些调料经油炸而使烹饪原料上色的初步热处理。走红是烹饪原料上色的主要途径。一些用烧、焖、蒸等烹调方法制作的菜肴，都要通过走红来达到使成品色泽美观的目的。

（一）走红的作用

1. 增加烹饪原料色泽

各种家禽、家畜、蛋品等烹饪原料通过走红都能附着上一层浅黄、金黄、橙红、棕红等颜色，以满足菜肴色泽的需要。

2. 增香味除异味

走红时，烹饪原料或在卤汁（调料）中加热，或在油锅中加热，在调料和热油的作用下，既能除去异味，又可增加鲜香味。

3. 使烹饪原料定型

经走红，一些整形或大块烹饪原料基本决定了成菜后的形状；一些走红后还要切配的原料也决定了成菜后大致的规格形状。

（二）走红的方法

根据传热介质的不同，走红可分为两种方法：以水为传热介质的卤汁走红和以油为传热介质的过油走红。

1. 卤汁走红

卤汁走红演示

卤汁走红就是将经过焯水或走油的烹饪原料放入锅中，加入鲜汤、香料、料酒、糖色（或酱油）等，用小火加热至菜肴所需要颜色的一种走红方法。

（1）操作程序　加工整理烹饪原料→调配卤汁（调味汁）并加热→放入烹饪原料加热→原料取出备用。

（2）操作要领

① 走红时，应按成品菜肴的需要掌握有色调料用量和卤汁颜色的深浅。

② 走红时先用旺火将卤汁烧沸，再转用小火加热，旨在让烹饪原料表层附着上颜色，卤汁的味道能由表及里地渗透至烹饪原料内。

（3）适用原料　卤汁走红一般适用于鸡、鸭、鹅、方肉、肘子等烹饪原料的上色，以辅助用烧、蒸等烹调方法制作菜肴，如"红烧全鸡""香酥鸡腿"。

2. 过油走红

过油走红演示

过油走红是在经加工整理的烹饪原料的表面均匀地涂上一层有色调料（料酒、饴糖、酒酿汁、酱油、面酱等），然后放入油锅中浸炸至烹饪原料上色的一种走红方法。

（1）操作程序　加工整理烹饪原料→在原料表层均匀涂抹一层有色调料→洗净油锅→注入油脂→加热→油热后放入烹饪原料→原料取出备用。

（2）操作要领

① 烹饪原料走红前涂抹的料酒、酱油、饴糖等调料要均匀一致，否则，原料走红后的颜色不均匀。

② 要掌握好油温。油温一般应控制在180~210℃（六七成热），才能较好地达到上色的目的。

（3）适用原料　过油走红一般适用于鸡、鸭、方肉、肘子等烹饪原料表面的上色，以辅助用蒸、卤等烹调方法制作菜肴，如"虎皮肘子""梅菜扣肉"。

（三）走红的注意事项

1. 控制烹饪原料的成熟度

烹饪原料在走红时，有一个受热成熟的过程。因为走红并不是最后的烹调阶段，所以，要尽可能在上好色泽的基础上，迅速转入正式烹调，以免影响菜肴的质感。

2. 保持烹饪原料形态的完整

鸡、鸭、鹅等禽类烹饪原料，在走红时要保持其形态的完整，否则，将直接影响成品菜肴的外观。

能力培养

初步热处理操作训练

请同学们根据初步热处理的操作要领，选择合适的原料进行操作训练。

活动要求：1. 总结冷水锅焯水技术要领。
　　　　　2. 总结过油热处理技术要领。
　　　　　3. 总结汽蒸热处理技术要领。
　　　　　4. 总结走红热处理技术要领。

项 目 测 试

一、填空题

1. 烹饪原料的初步热处理，是根据成品菜肴的烹制要求，在正式烹调前用水、油、蒸汽等＿＿＿＿＿＿＿对初加工后的烹饪原料进行加热，使其达到半熟或＿＿＿＿＿＿状态的加工过程。

2.焯水又称出水、冒水、飞水、水锅等，是指把经过初加工后的烹饪原料，根据用途放入不同温度的水锅中加热到半熟或 _____ 的状态，以备进一步 _____ 或正式烹调之用的初步热处理。

3.走红又称上色、酱锅、红锅，是将一些经过焯水或走油的半成品烹饪原料放入各种有色的 _____ 中进行加热，或将原料表面涂上某些调料经油炸而使烹饪原料 _____ 的初步热处理。

二、选择题

1.体大、血污多的动物性烹饪原料进行焯水处理宜选用（   ）。

    A.冷水锅　　　　B.沸水锅　　　　C.温水锅

2.下列烹饪原料适宜进行滑油初步热处理的是（   ）。

    A.肉块　　　　B.整只鸡　　　　C.上浆的肉丝、肉片

3.下列烹饪原料不适宜进行走油初步热处理的是（   ）。

    A.肉块　　　　B.上浆的肉条　　　　C.整条鱼

三、判断题

1.汽蒸属于半成品加工，必须进行加热前的调味。（   ）

2.绿叶类蔬菜宜采用冷水锅进行焯水处理。（   ）

3.经过初步热处理的烹饪原料，可缩短正式的烹调时间。（   ）

4.走油的适用范围较广，家禽、家畜、水产品、豆制品等烹饪原料均可。（   ）

四、简答题

1.焯水有何作用？

2.试举例说明烹饪原料焯水的操作要领。

3.为什么绿叶类蔬菜焯水后应迅速过凉？

4.走油的操作要领是什么？走油时应注意哪些问题？

5.举例说明采用汽蒸的方法对烹饪原料进行初步热处理时应注意哪些问题。

6.走红的方法有哪些？其操作要领是什么？

项目 5.3 中式烹调的辅助手段

学习目标

　　知识目标：1. 理解上浆、挂糊、勾芡的作用和种类。
　　　　　　　2. 掌握上浆、挂糊、勾芡的流程和方法。
　　技能目标：1. 能规范操作上浆、挂糊、勾芡。
　　　　　　　2. 能运用上浆、挂糊、勾芡辅助手段。
　　素养目标：注重学生操作规范和卫生习惯的培养。

　　在中式烹调技艺中，上浆、挂糊、勾芡对菜肴的色、香、味、形、质、养诸方面均有很大的影响。

　　上浆（又称抓浆、吃浆）就是在经过刀工处理的主、配料中，加入适当的调料和佐助原料，使主、配料由表及里裹上一层薄薄的浆液，经过加热，使制成的菜肴达到滑嫩效果的施调方法。

　　挂糊（又称着衣），就是根据菜肴的质量标准，在经过刀工处理的主、配料表面，适当地挂上一层黏性的糊，经过加热，使制成的菜肴达到酥脆、松软效果的施调方法。

　　勾芡就是根据烹调方法及菜肴成品的要求，在烹调过程中运用调好的粉汁淋入锅内，以增加汤汁对主、配料附着力的施调方法。

一、上浆、挂糊、勾芡的材料及其作用

　　上浆、挂糊、勾芡的用料，由于材料性质不同，在烹调加工过程中发挥着不同的作用。了解这方面的知识，对于正确掌握上浆、挂糊、勾芡，具有十分重要的意义。

（一）上浆的用料

　　上浆的用料是指用于上浆的佐助原料及调料，主要有精盐、淀粉（干淀粉、湿淀粉）、鸡蛋（全蛋液、鸡蛋清、鸡蛋黄）、水、小苏打、嫩肉粉、油脂等。

1. 精盐

　　精盐是主、配料上浆时的关键物质，适量加入精盐可使主、配料表面形成一层浓度较高的电解质溶液，将肌肉组织破损处（刀工处理所致）暴露的盐溶性蛋白质（主要是肌球蛋白）抽提出来，在主、配料周围形成一种黏性较强的蛋白质溶胶，同时可提高蛋白质的水化作用

能力，以利于上浆。上浆的质量与精盐的用量有关：盐的用量过少，对盐溶性蛋白质的溶解能力不够，对蛋白质水化作用能力的提高不大，表现为"没劲"。盐的用量过多，则会在完整的肌细胞周围产生较高的渗透压，致使主、配料大量脱水，同时还会降低蛋白质的持水性，使主、配料组织紧缩、质地老硬（易使菜肴成品质感变得老韧）。所以只有精盐用量适当，才能获得满意的上浆效果。

2. 淀粉

淀粉在水中受热后会发生糊化，形成一种均匀而较稳定的糊状溶液。上浆后主、配料及周围的水分不是很多，加热时淀粉糊化则可在烹饪原料周围形成一层糊化淀粉的凝胶层，防止或减少烹饪原料中的水分及营养成分流失。上浆后的主、配料一般采用中温油烹制。因为浆液中含水量很大，所以淀粉在浆液中一般不易发生美拉德反应和焦糖化反应。但淀粉却能较充分地糊化，使浆液具有较好的黏性，并紧紧地裹在主、配料表面上，进而达到上浆的要求。

3. 鸡蛋

鸡蛋用于上浆时，主要是鸡蛋清在起作用。鸡蛋清富含可溶性蛋白质，是一种蛋白质溶胶。受热时，鸡蛋清因热变性发生凝固，使其由溶胶变为凝胶，这有助于在上浆主、配料周围形成一层更完整、更牢固的保护层，阻止主、配料中的水分散失，并使其保持良好的嫩度。鸡蛋的另一个作用是改变上浆后主、配料的色泽，使其呈白色或黄色。

4. 水

水有助于在主、配料周围形成浆液，分散可溶性物质和不溶性淀粉，使它们均匀黏附于主、配料表层；能够增加主、配料的含水量，提高肉质嫩度；浸润到淀粉颗粒中，有助于其糊化。水也能调节浆液的浓度，浆液过浓，滑油时主、配料容易粘连，不易滑散，而且导致主、配料外熟里生，造成夹生现象。如果浆液过稀，又会使主、配料脱浆，达不到上浆的目的，既影响菜肴的质感，又影响菜肴的感观效果。

5. 小苏打、嫩肉粉

小苏打溶解于水呈碱性，可改变上浆原料的pH，使其偏离主、配料中蛋白质的等电点，提高蛋白质的吸水性和持水性，从而大大提高主、配料的嫩度。用小苏打上浆可使主、配料组织松软并滑嫩。但小苏打用量不可过多，否则有碱味，并能使蛋白质水解影响菜肴质感。嫩肉粉（也称松肉粉）是一种酶制剂，其含有的木瓜蛋白酶可催化肌肉蛋白质水解，从而促进主、配料的软化和嫩度的提高。

6. 油脂

在浆液中主要利用油脂的润滑作用，使加工后的烹饪原料放入油勺（锅）滑油时不易造成粘连。同时，油脂也能起到一定的保水作用，以增加主、配料的嫩度。

（二）挂糊的用料及其作用

挂糊的用料是指用于挂糊的佐助原料及调料，主要有淀粉（干淀粉、湿淀粉）、面粉、面包粉（芝麻、核桃粉、瓜子仁）、鸡蛋、膨松剂、水、油脂等。不同的挂糊用料具有不同的作用，制成糊加热后的成菜效果有明显的不同。

1. 淀粉、面粉、面包粉（渣）

以淀粉为主制成的糊易发生焦糊化，质感焦脆。淀粉与糊中的蛋白质等发生美拉德反应，自身发生焦糖化反应（这些反应都是在无水、高温下进行的），生成了各类低分子物质，使菜肴具有诱人的香气和色泽。

以面粉为主制成的糊，由于面筋的作用，质感比较松软，面粉中的蛋白质则可与糊化的淀粉相结合，利用自身的弹性和韧性提高糊的强度。若将淀粉与面粉调和使用，可相互补充，产生新的质感。

面包粉是面包干燥后搓成的碎渣，制作炸类菜肴时，主、配料挂上黏合剂再滚或撒上面包粉起到不黏结的作用。同时经挂裹面包粉（渣）的主、配料，在受热时易上色、增香，面包粉中的蛋白与糖类起羰氨反应，可使炸制品表面酥松、质感良好。

2. 鸡蛋

鸡蛋清受热后蛋白质凝固，能形成一层薄壳，阻止主、配料中的水分浸出，使其保持良好的嫩度；鸡蛋黄或全蛋液含脂肪多，脂肪阻水，可使菜肴成品的质感达到酥脆的效果。

3. 膨松剂

膨松剂可分为化学膨松剂和生物膨松剂两大类。糊浆所用的膨松剂均为化学膨松剂。现在普遍使用的膨松剂是小苏打，如苏打糊、苏打浆。小苏打即碳酸氢钠，它在受热后能释放出二氧化碳，可使胚料在加热时体积膨大、糊层疏松。若将小苏打用于挂糊则可使制品表面积增大，使炸制菜肴的成品产生酥脆、松软的质感。

4. 水

在不使用鸡蛋液的情况下，糊的浓度主要通过水来调剂。糊的稀稠对菜肴质量影响很大：糊过稠会导致糊的表面不均匀、不光滑；糊过稀又难于黏附在主、配料的表面，均达不到挂糊的目的。

5. 油脂

油脂可以使糊起酥。在调糊时，油脂的加入，可使蛋白质、淀粉等成分微粒被油网所包围，形成以油膜为分界面的蛋白质或淀粉的分散体系。油脂具有疏水性，加热后由于上述体系的存在，使糊的组织结构极其松散。于是挂糊后的主、配料经高油温炸制，具有酥脆香的品质特点。

（三）勾芡的用料及其作用

勾芡的用料是指用于勾芡的佐助原料，主要有淀粉和水。在温水中淀粉先膨胀，然后淀粉粒内部各层起初分离，接着破裂，出现胶粘现象，最后成为具有黏性的半透明凝胶或胶体溶液，这就是糊化。但由于淀粉的种类不同，其糊化的温度也不同。淀粉在勾芡过程中的作用主要是：

（1）淀粉在一定量的水中加热，吸收很多水分而膨胀糊化，使菜肴汤汁浓稠度增大，对菜肴具有改善质感、融合滋味、保持温度、突出菜肴风味和减少养分损失的重要作用。

（2）淀粉糊化后形成的糊具有较高的透明度，它黏附在菜肴表面，显得晶莹光洁、滑润透亮，起到了美化菜肴的作用。此外，淀粉的糊化与加热温度有关，所以勾芡时温度要适当。

油脂有助于提高芡汁的亮度。当芡汁淋入到勺中后，在加热状态下会吸水膨胀而糊化，形成一种溶胶，这种溶胶的光亮度较暗。如果在淀粉芡汁糊化的同时，向勺中的芡汁淋入适量明油，明油就会裹在芡汁中被一起糊化，这样芡汁的光亮度会大大提高。但是如果芡汁的糊化过程已经结束，再淋入明油，由于明油在糊化体系以外，则芡汁的光亮度得不到提高。

二、上浆

（一）上浆的作用

上浆主要是主、配料表面的浆液受热凝固后形成保护层，对主、配料起到保护作用，其主要体现在以下四个方面：

1. 保持主、配料的嫩度

主、配料上浆后持水性增强，加上主、配料表面受热形成的保护层热阻较大，通透性较差，可以有效地防止主、配料过分受热所引起的蛋白质的深度变性，以及蛋白质深度变性所导致的主、配料持水性显著下降和所含水分大量流失的现象，从而保持主、配料成菜后具有滑嫩或脆嫩的质感。

2. 美化原料的形态

加热过程中原料形态的美化，取决于两个方面：一是主、配料中水分的保持；二是主、配料中结缔组织不发生大幅度收缩。主、配料上浆所形成的保护层有利于保持水分和防止结缔组织过分收缩，使主、配料成菜后具有光润、亮洁、饱满、舒展的美丽形态。

3. 保持和增加菜肴的营养成分

上浆时主、配料表面形成的保护层，可以有效地防止主、配料中热敏性营养成分遭受严重破坏和水溶性营养成分的大量流失，起到保持营养成分的作用。不仅如此，上浆用料是由营养丰富的淀粉、蛋白质组成的，可以改善主、配料的营养组成，进而增加菜肴的营养价值。

4. 保持菜肴的鲜美滋味

主、配料多为滋味鲜美的动物性烹饪原料，如果直接放入热油锅内，主、配料会因骤然受到高温而迅速失去很多水分，使其鲜味损失。经上浆处理后，主、配料不再直接接触高温，热油也不易浸入主、配料的内部，主、配料内部的水分和鲜味不易外溢，从而保持了菜肴的鲜美滋味。

（二）上浆的用料及调制

上浆用料的种类较多，依上浆用料组配形式的不同，可把浆分成如下四种：

1. 鸡蛋清粉浆

（1）用料构成　鸡蛋清、淀粉、精盐、料酒、味精等。

（2）调制方法　一种方法是先将主、配料用调料（精盐、料酒、味精）拌腌入味，然后加入鸡蛋清、淀粉拌匀即可。另一种方法是用鸡蛋清加湿淀粉调成浆，再把用调料腌渍后的主、配料放入鸡蛋清粉浆中拌匀即可。上述两种方法都可在上浆后加入适量的冷油，以便于主、配料滑散。

调制鸡蛋清粉浆演示

（3）用料比例　主、配料 500 g，鸡蛋清 100 g，淀粉 50 g。

（4）适用范围　多用于爆、炒、熘类菜肴，如"清炒虾仁""滑熘鱼片""芫爆里脊丝"。

（5）制品特点　柔滑软嫩、色泽洁白。

2. 全蛋粉浆

（1）用料构成　全蛋液、淀粉、精盐、料酒、味精等。

（2）调制方法　制作方法基本上与鸡蛋清粉浆相同。调制浆液时应注意两点：一是全蛋粉浆需要更加充分地调和，以保证各种用料相互溶解为一体；二是用全蛋粉浆拌质地较老韧的主、配料时，宜加适量的泡打粉或小苏打，使主、配料经油滑后松软而嫩。

调制全蛋粉浆演示

（3）用料比例　与鸡蛋清粉浆基本相同。

（4）适用范围　多用于炒、爆、熘等烹调方法制作的菜肴及烹调后带色的菜肴，如"辣子肉丁""酱爆鸡丁"。

（5）制品特点　滑嫩，微带黄色。

3. 苏打粉浆

（1）用料构成　鸡蛋清、淀粉、小苏打、水、精盐等。

（2）调制方法　先把主、配料用小苏打、精盐、水等腌渍片刻，然后加入鸡蛋清、淀粉拌匀，拌好后静置一段时间再使用。

调制苏打粉浆演示

（3）用料比例　主、配料 500 g，鸡蛋清 50 g，淀粉 50 g，小苏打 3 g，精盐 2 g，水适量。

（4）适用范围　适用于质地较老，肌纤维含量较多，韧性较强的主、配料，如牛肉、羊肉。多用于炒、爆、熘等烹调方法制作的菜肴，如"蚝油牛肉""铁板牛肉"。

（5）制品特点　鲜嫩滑润。

4．水粉浆

调制水粉浆
演示

（1）用料构成　淀粉、水、精盐、料酒、味精等。

（2）调制方法　主、配料用调料（精盐、料酒、味精）腌入味，再用水与淀粉调匀上浆。浆的浓度以裹住烹饪原料为宜。

（3）用料比例　主、配料 500 g，干淀粉 50 g，加入适量冷水（应视主、配料含水量而定）。

（4）适用范围　用于肉片、鸡丁、腰子、肝、肚等烹饪原料的浆制，多用于炒、爆、熘、氽等烹调方法制作的菜肴，如"爆腰花""炒肉片"。

（5）制品特点　质感滑嫩。

（三）上浆的操作要领

1．灵活掌握各种浆的浓度

在上浆时，要根据主、配料的质地、烹调的要求及主、配料是否经过冷冻等因素决定浆的浓度。较嫩的主、配料本身含水分较多，吸水力较弱，因此，浆中的水分就应适当减少，浓度可以稠一些；较老的主、配料本身含水分较少，吸水力较强，因此，浆中的水分就应适当加多，浓度可稀一些。经过冷冻的主、配料含水分较多，浆应当稠一些；未经冷冻的原料含水量相对较少，浆应当稀一些。上浆后立即烹调的主、配料，浆也应适当稠一些，若浆液稀薄，则主、配料不易吸收浆中的水分即入锅烹制，主、配料易失水，达不到上浆的要求；上浆后要经过一些时间再烹调的，则因主、配料能够充分吸收浆液中的水分，且浆液暴露水分容易蒸发，所以浆应当稀一些。

2．恰当掌握好上浆的每一环节

上浆一般包括三个环节：一是腌渍入味，一般在主、配料中加少许精盐、料酒等调料腌渍片刻，浸透入味。腥味较大的主、配料，可酌加料酒用量，除入味外，还可清除腥味。对老韧的主、配料（如牛肉），除加精盐、料酒外，还要另加适量的水和小苏打，这样不仅能入味，还可使肉质多吸收水分变嫩。二是用鸡蛋液拌匀，即将鸡蛋液调散（但不能抽打成泡）后加入主、配料中。将鸡蛋液与主、配料拌匀。三是调制的水淀粉必须均匀，不能存有渣粒，否则滑油时易造成脱浆现象；浆液对主、配料的包裹必须均匀，不能留有空隙，否则加热时会浸入热油，使这一部分质地变老、色泽变暗，影响菜肴的质量。

3．必须达到吃浆上劲

上浆的目的是使主、配料由表及里均匀地裹上一层薄薄的浆液，以便受热时形成完整的保护层，从而使菜肴达到柔软滑嫩的效果。在上浆操作中，常采用搅、抓、拌等方式。无论采用哪一种方式，都必须抓匀抓透。一方面使浆液充分渗透到主、配料的组织中去，达到吃浆的目的；另一方面充分提高浆液黏度，使之牢牢黏附于主、配料表层，达到上劲的效果，最终使浆液与主、配料内外融合，达到上浆的目的。但在上浆时，对细嫩主、配料如鸡丝、鱼片，抓拌要轻、用力要小，既要充分吃浆上劲，又要防止发生原料断丝、破碎的情况。

4．根据主、配料的质地和菜肴的色泽选用适当的浆液

要选用与主、配料质地相适应的浆液，如牛肉、羊肉中，含结缔组织较多，上浆时，宜用苏打浆或加入嫩肉粉，这样可取得良好的嫩化效果。另外，根据菜肴的色泽要求不同，也要选用与之相适应的浆液。成品颜色为白色时，必须选用鸡蛋清为浆液的用料，如鸡蛋清粉浆。成品颜色为金黄、浅黄、棕红色时，可选用全蛋液、鸡蛋黄为浆液的用料，如全蛋粉浆。

三、挂糊

（一）挂糊的作用

挂糊后的主、配料多用于煎、炸等烹调方法，所挂的糊液对菜肴的色、香、味、形、质、养各方面都有很大影响，其作用主要有：

（1）可保持主、配料中的水分和鲜味，并使菜肴获得外焦酥、里鲜嫩的质感。主、配料挂糊后多采用高温干热处理，糊层大量脱水，不仅外部香脆，而且主、配料内部所含的水分及鲜味也得到了保持。

（2）可保持主、配料的形态完整。挂糊可保持主、配料的形态完整，并使之表面光润、形态饱满（尤其是易碎原料）。

（3）可保持和增加菜肴的营养成分。挂糊后的主、配料不直接接触高温油脂，能防止或减少所含各种营养成分的流失。不仅如此，糊液本身就是由营养丰富的淀粉、蛋白质等组成的，因此也能够增加菜肴的营养价值。

（4）使菜肴呈现悦目的色泽。在高温油锅中，主、配料表面的糊液所含的糖类、蛋白质等可以发生羰氨反应和焦糖化作用，形成悦目的淡黄、金黄、褐红色等。

（5）使菜肴产生诱人的香气。主、配料经挂糊后再烹制，不但能保持主、配料本身的热香气味不致逸散，而且糊液在高温下发生理化反应，可形成良好气味。

（二）糊的种类及调制

在烹调过程中，应当根据主、配料的质地、烹调方法及菜肴成品的要求，灵活而合理地进行糊液的调制。

1. 蛋清糊

调制蛋清糊
演示

（1）用料构成　鸡蛋清、淀粉（或面粉）。

（2）调制方法　打散的鸡蛋清中加入干淀粉，搅拌均匀即可。

（3）用料比例　鸡蛋清与淀粉（或面粉）的用量为1：1。

（4）适用范围　多用于软炸类菜肴，如"软炸里脊""软炸鱼条"。

（5）制品特点　质地松软，呈淡黄色。

2. 蛋黄糊

（1）用料构成　淀粉（或面粉）、鸡蛋黄、冷水。

（2）调制方法　用干淀粉（或面粉）、鸡蛋黄加适量冷水调制而成。

（3）用料比例　鸡蛋黄与淀粉（或面粉）的用量为1：1。

（4）适用范围　多用于炸熘类菜肴，如"糖醋鱼片"。

（5）制品特点　外层酥脆香、里软嫩。

3. 全蛋糊

调制全蛋糊
演示

（1）用料构成　淀粉（或面粉）、全蛋液。

（2）调制方法　打散全蛋液，加入淀粉（或面粉），搅拌均匀即可，切忌搅拌上劲。

（3）用料比例　全蛋液与淀粉（或面粉）的用量为1：1。

（4）适用范围　多用于炸及炸熘类菜肴，如"炸鸡条""糖醋鱼块"。

（5）制品特点　外酥脆、内松嫩、色泽金黄。

4. 蛋泡糊

（1）用料构成　干淀粉、鸡蛋清。

（2）调制方法　将鸡蛋清用打蛋器顺一个方向连续抽打成泡沫状，拌入干淀粉，轻搅至均匀即可。

（3）用料比例　鸡蛋清与干淀粉的用量为2：1。

（4）适用范围　多用于松炸类菜肴，如"高丽鱼条""雪衣大虾"。

（5）制品特点　菜肴外形饱满、质地松软、色泽乳白。

5. 水粉糊（硬糊、淀粉糊）

调制水粉糊
演示

（1）用料构成　淀粉、冷水。

（2）调制方法　先用适量的冷水将淀粉澥开，再加入适量的冷水调制成较为浓稠的糊状即可。

（3）用料比例　淀粉与冷水的用量约为2：1。

（4）适用范围　适用于焦熘类菜肴，如"醋熘黄鱼""糖醋里脊""焦熘肉片"。

（5）制品特点　外焦脆、里软嫩、色泽金黄。

6. 干粉糊

（1）用料构成　干淀粉。

（2）调制方法　把用调味品腌渍过的主、配料粘裹滚上干淀粉即可。

（3）适用范围　适用于剖成各种花纹的原料，适用于炸、熘类菜肴，如"松鼠鳜鱼""菊花青鱼""葡萄鱼"等。

（4）制品特点　香脆松软、色泽金黄。

7. 发粉糊

（1）用料构成　面粉、冷水、发酵粉。

（2）调制方法　面粉先加少许冷水搅匀，再加适量冷水继续将粉糊澥开，然后放入发酵粉拌匀，静置 20 min 即可。

（3）用料比例　面粉 350 g、冷水 450 g、发酵粉 15 g。

（4）适用范围　多用于炸类菜肴，如"拔丝苹果"。

（5）制品特点　涨发饱满、松而带香、色泽淡黄。

8. 脆皮糊

（1）使用老酵母制作脆皮糊的方法

① 用料构成　面粉、淀粉、老酵面、油脂、精盐、水、食用碱等。

② 调制方法　老酵母加水澥开，放入面粉、淀粉和适量精盐搅拌均匀，静置 3~4 h（视气候而定），使粉糊发酵，以粉糊中产生小气泡且带酸味为准。临用前 20 min 放入食用碱加入油脂搅匀（根据气候掌握放入食用碱的时间和用量）。

调制脆皮糊演示

③ 用料比例　面粉 380 g、淀粉 60 g、老酵面 70 g、清水 500 g、食用碱水 10 g、适量精盐、油脂 100 g。

④ 适用范围　适用于脆炸类菜肴，如"脆皮鱼条"。

⑤ 制品特点　外松脆、内软嫩、色泽金黄。

（2）使用干酵母制作脆皮糊的方法

① 用料构成　面粉、干淀粉、干酵母、油脂等。

② 调制方法　干酵母用少许水稀释后，再加水、面粉、淀粉调成稀糊，静置 25 min 左右进行发酵，待糊发起后加油脂调匀。

③ 用料比例　面粉 350 g、淀粉 150 g、水 500 g、干酵母 10 g、油脂 100 g。

④ 适用范围　适用于脆炸类菜肴，如"脆皮鲜奶""脆皮明虾"。

⑤ 制品特点　外松脆、内软嫩、色泽金黄。

9. **拍粉拖蛋（液）糊**

（1）用料构成　淀粉（或面粉）、全蛋液。

（2）调制方法　在经调料腌渍后的主、配料表面，先拍一层干淀粉或面粉，然后再放入全蛋液中粘裹均匀即可。

（3）用料比例　淀粉或面粉 20 g、全蛋液 60 g。

（4）适用范围　多用于动、植物性烹饪原料，适用于炸、煎、贴类菜肴，如"锅贴鱼""生煎鳜鱼片"。

（5）制品特点　味鲜质嫩、色泽金黄。

10. **拍粉拖蛋滚面包粉（渣）糊**

（1）用料构成　淀粉（或面粉）、全蛋液、面包粉（也可粘裹芝麻、桃仁、松仁、瓜子仁等）。

（2）调制方法　将烹饪原料先用调料腌渍后粘上一层淀粉或面粉，再放入全蛋液中粘裹均匀捞出，最后粘上一层面包粉即可。

（3）用料比例　原料 200 g、全蛋液 100 g、淀粉或面粉 20 g、面包粉 100 g。

（4）适用范围　多用于炸类菜肴，如"炸虾球""炸鱼排"。

（5）制品特点　松酥可口、色泽金黄。

（三）挂糊的操作要领

1. 要灵活掌握各种糊的浓度

在制糊时，要根据烹饪原料的质地，烹调的要求及主、配料是否经过冷冻处理等因素决定糊的浓度。较嫩的主、配料所含水分较多，吸水力强，则糊的浓度以稀一些为宜。如果主、配料在挂糊后立即进行烹调，糊的浓度应稠一些，因为糊液过稀，主、配料不易吸收糊液中的水分，容易造成脱糊。如果主、配料挂糊后不立即烹调，糊的浓度应当稀一些，待用期间，主、配料吸去糊中一部分水分，再蒸发掉一部分水分，浓度就恰到好处。冷冻的主、配料含水分较多，糊的浓度可稠一些。未经过冷冻的主、配料含水分较少，糊的浓度可稀一些。

2. 恰当掌握各种糊的调制方法

在制糊时，必须遵循先慢后快、先轻后重的原则。开始搅拌时，淀粉及调料还没有完全融合，水和淀粉（或面粉）尚未调和，浓度不够、黏性不足，所以应该搅拌得慢一些、轻一些。一方面防止糊液溢出容器；另一方面避免糊液中夹有粉粒。如果糊液中有小粉粒，主、配料过油时粉粒就会爆裂脱落，造成脱糊现象。经过一段时间的搅拌后，糊液的浓度渐渐增大，黏性逐渐增强。搅拌时可适当增大搅拌力量和加快搅拌速度，使其越搅越浓、越搅越黏，使糊内各种用料融为一体，便于与主、配料相黏合。但切忌使糊上劲。

3. 挂糊时要把主、配料全部包裹起来

主、配料在挂糊时，要用糊把主、配料的表面全部包裹起来，不能留有空白处。否则，在烹调时，油就会从没有糊的地方浸入主、配料，使这一部分质地变老、形状萎缩、色泽焦黄，影响菜肴的质量。

4. 根据主、配料的质地和菜肴的要求选用适当的糊液

要根据主、配料的质地、形态、烹调方法和菜肴要求恰当地选用糊液。有些主、配料含水量大，含油脂较多，就必须先拍粉后再拖蛋糊，这样烹调时就不易脱糊。对于讲究造型和刀工的菜肴，必须选用拍粉糊，否则，就会使造型和刀纹达不到工艺要求。此外，还要根据菜肴的要求选用糊液：成品颜色为白色时，必须选用鸡蛋清作为糊液的辅助原料，如蛋泡糊；需要外脆里嫩或成品颜色为金黄、棕红、浅黄时，可使用全蛋液、蛋黄液作为糊液的辅助原料，如全蛋糊、拍粉拖蛋糊、拍粉拖蛋滚面包粉糊。

（四）上浆与挂糊的区别

上浆和挂糊是主、配料预加工时两种不同的施调方法，其区别主要有以下四个方面：

1. 施调方法的区别

上浆是将主、配料与所用的佐助原料、调料等一起调制，使主、配料表面均匀裹上一层浆液，要求吃浆上劲；而挂糊是先将所用的佐助原料、调料等调制成糊液，再裹于主、配料表面，糊液不能上劲。

2. 浓度的区别

上浆一般用淀粉、鸡蛋液，浆液较稀；而挂糊除使用淀粉外，根据需要还可使用面粉、米粉、面包粉等，糊液一般较浓。

3. 油量的区别

上浆后的主、配料一般采用滑油的方法，油温在五六成热以下，油量较多；挂糊后的主、配料一般采用炸制的方法，油温在五成热以上，油量比滑油时多。

4. 质感的区别

上浆多用于炒、熘等烹调方法，成菜质感多为软嫩；挂糊时主、配料表面裹的糊液较厚，一般用于炸、熘、煎、贴等烹调方法，成菜质感多为外焦里嫩、外酥里嫩等。

四、勾芡

（一）勾芡的作用

勾芡的粉汁主要是用淀粉和水调成的，淀粉在高温的汤汁中能吸收水分而膨胀，产生黏性，并且色泽光洁、透明、滑润，勾芡对菜肴可以起到以下作用：

1. 改善菜肴口感

勾芡能使菜肴的汤汁黏度增大，从而形成一种全新的口感。不同菜肴含有的汤汁量相差较大。若菜肴不经勾芡：汤汁少者易感粗滞；无汤汁者易感干硬；汤汁多者易感寡薄。勾芡之后则菜肴口感发生变化：一般无汤汁者因芡汁包裹主、配料，口感变得嫩滑；汤汁少者因芡汁较稠且与主、配料交融，口感变得滋润；汤汁多者因芡汁较黏稠，口味变得浓厚。

2. 融合菜肴滋味

勾芡可将菜肴中汤汁和主、配料的滋味很好地融为一体，达到了保鲜增味的目的。尤其是汤汁较多的菜肴，滋味鲜美的主、配料往往会因呈鲜味物质离析于汤汁之中，而变得鲜味降低。勾芡后，汤汁黏附于主、配料表面，可使主、配料和汤汁均具有鲜美滋味。对于本身淡而无味且又难以入味的一些主、配料，利用勾芡或者使溶有呈味物质的汤汁黏附于主、配料之上，可使其形成良好的滋味。

3. 增加菜肴色泽

芡汁中的淀粉在加热到60℃左右时，便会糊化变黏，形成特有的透明度和光泽度。由于光的反射作用，能把菜肴的颜色和调料的颜色更加鲜明地体现出来，使菜肴比勾芡前色泽更鲜艳，光泽更明亮，显得丰满而不干瘪，光润而不粗糙，有利于菜肴的形态美观。

4. 保持菜肴温度

菜肴温度的高低，直接影响人的味觉。最能刺激味觉的温度在10~40℃，其中以30℃左右为最佳。若热菜冷食，味道就会大为逊色。芡汁经糊化作用，形成一种溶胶，这种溶胶像一层保护膜一样紧紧地包裹住物料，减缓了菜肴内部热量散发的速度，能较长时间地保持菜肴的温度。特别是有些菜肴需要趁热食用，勾芡在起到保温作用的同时，也起到了保质作用。

5. 突出菜肴风格

汤羹一类的菜肴，汤水用量大，汤菜易分离。勾芡后，汤汁的黏稠度增大，可使主、配料不沉底，或悬浮于汤汁之中，或漂浮于汤汁表面，既使菜肴美观，又突出主、配料，从而构成一种独特的菜肴风格。对于一些要求外脆里嫩的菜肴，通常先将汤汁在锅中勾芡，再放入过了油的主、配料，或浇在已炸脆的主、配料上。由于卤汁浓度增加，黏性增强，在较短的时间内，裹在主、配料上的卤汁不易渗透到主、配料内部，从而形成了外香脆、内鲜嫩的风格特色。

6. 减少养分损失

在烹制过程中，主、配料中的部分营养物质受热分解，由大分子物质变为小分子物质，如多糖类和双糖类物质转化为单糖类物质，生成葡萄糖或果糖。大分子物质的分解和小分子物质的生成，虽然有利于人体的的吸收，但是小分子物质在水中的溶解度大。另外水溶性的

B 族维生素、维生素 C 和脂溶性的维生素 A、维生素 D 等易从原料中大量析出，溶于菜肴的汤汁中。经过勾芡之后，菜肴的汤汁变稠，那些溶于汤汁中的各种营养物质，会随着糊化的淀粉一起黏附在主、配料的表面，使汤汁中的营养成分得到充分的利用，从而减少了营养损失。

（二）勾芡的分类及应用

勾芡可分为以下三类：

1. 按芡汁调制方法分类

（1）兑汁芡　兑汁芡是在烹调前用淀粉、鲜汤（或清水）及相关调料勾兑在一起的粉汁，待主、配料接近成熟时将其调匀倒入锅中。兑汁芡使得烹制过程中的调味和勾芡可同时进行，常用于旺火速成的爆、炒、熘类菜肴的制作。它不仅满足了快速操作的要求，同时也可事先尝准滋味，便于把握菜肴的味型。

（2）水粉芡　水粉芡即用干淀粉和水调匀的淀粉汁。它与兑汁芡的区别就是它不加任何调料，兑制比较简单。关键是要搅拌均匀，不能使粉汁带有小的颗粒或杂质。水粉芡多用于烧、扒、烩、焖等烹调方法。因为这些烹调方法加热时间较长，可在加热过程中逐一投入调料，并在主、配料接近成熟时，淋入水粉芡。

2. 按兑汁的色泽分类

一般分为红芡和白芡。红芡就是在芡汁中加一些有色的调料，如酱油、番茄酱；白芡就是芡汁中不加入有色调料，而以精盐、味精等为主。

3. 按芡汁的浓度分类

（1）厚芡　厚芡是芡汁中较稠的芡，就是经勾芡后，成品中的汤汁浓稠或汤汁较紧。按其浓度的不同，又可分为利芡和熘芡两种。

利芡　又称油爆芡、抱芡、包芡，芡汁的用量最少，稠度最大，主要适用于油爆类菜肴，如"油爆双脆"。兑制比例：淀粉与水（或汤汁）为 1 : 5。成品芡汁黏稠，能够互相粘连，盛入盘中堆成形而不滑散，食后盘内见油不见芡汁。

熘芡　浓度比利芡略稀，主要用于熘、烩类菜肴，如"糖醋鱼""焦熘肉片""烩乌鱼蛋"。兑制比例：淀粉与水（或汤汁）为 1 : 7。用于熘菜，则成品盛入盘中有少量的卤汁滑入盘中；用于烩菜，则使汤菜融合、口味浓厚。

（2）薄芡　薄芡是芡汁中较稀的一种，按其黏度不同又可分为玻璃芡和米汤芡两种。

玻璃芡　芡汁量较多，浓度较稀薄，能够流动，适用于扒、烧类菜肴，如"白扒鱼肚"。兑制比例（质量）：淀粉与水（或汤汁）为 1 : 10。成品菜肴盛入盘中，要求一部分芡汁沾在菜上，一部分流到菜肴的边缘。

米汤芡　是芡汁中最稀的一种，浓度最低，似米汤的稀稠度，主要作用是使多汤的菜肴及汤水变得稍稠一些，以便突出主、配料，口味较浓厚，如"酸辣汤"等菜肴。兑制比例：淀粉与水（或汤汁）为 1 ：20。

（三）勾芡的方法

勾芡菜肴案例

1. 翻拌法

（1）作用　使芡汁全部包裹在主、配料上。

（2）适用范围　适用于爆、炒、熘等烹调方法，多用于需旺火速成、要勾厚芡的菜肴。

（3）方法

① 在主、配料接近成熟时放入粉汁，然后连续翻勺或拌炒，使粉汁均匀地裹在菜肴上。

② 将调料、汤汁、粉汁加热，至粉汁成熟变稠时，将已过油的主、配料投入，再连续翻锅或拌炒，使芡汁均匀地裹在主、配料上。

③ 先将调料、汤汁、粉汁调成兑汁芡，待过油成熟的主、配料沥油回勺（锅）后，随即把兑汁芡泼入，立即翻拌，使粉汁成熟且均匀地裹在主、配料上。

2. 淋推法

（1）作用　使汤汁浓稠，促进汤菜融合。

（2）适用范围　多用于煮、烧、烩等烹调方法制作的菜肴。

（3）方法

① 在主、配料接近成熟时，一手持炒勺缓缓晃动，一手持手勺将芡汁均匀淋入，边淋边晃，直至汤菜融合为止。常用于整个、整形或易碎的菜肴。

② 在主、配料快要成熟时，不晃动锅，而是一边淋入芡汁、一边用手勺轻轻推动，使汤菜融合。多用于数量多，主、配料不易破碎的菜肴。

3. 泼浇法

（1）作用　使菜肴汤汁浓稠，提升菜肴的口味和色泽。

（2）适用范围　多用于熘或扒等烹调方法制作的菜肴，那些体积大、不易在锅中颠翻、要求造型美观的菜肴较适用这种方法。

（3）方法　将成熟的芡汁均匀地泼浇在主、配料上即可。

（四）勾芡的操作要领

1. 准确把握勾芡时机

勾芡必须在主、配料即将成熟时进行，过早或过迟都会影响菜肴质量。如果主、配料未成熟就勾芡，芡汁在锅内停留时间必然延长，这样容易造成芡汁粘锅焦煳；如果主、配料过熟时勾芡，因芡汁要有个受热成熟的过程，所以要延长烹制加热的时间，致使主、配料过火而达不到菜肴质感的要求。此外，勾芡必须在汤汁沸腾后进行，否则淀粉不易糊化，芡汁不黏稠，起不到勾芡的作用。

2. 严格控制汤汁的量

勾芡必须在菜肴汤汁适量时进行。任何需要勾芡的菜肴，对汤汁量都有一定的要求，如爆、炒类菜肴要求汤汁很少；烧、扒、烩类菜肴要求汤汁必须适量。汤汁过多或过少时，勾芡都难以达到菜肴的质量要求。所以发现锅中汤汁太多时，应用旺火加热收汁或舀出一些汤汁；若汤汁过少，则需添加一些。但添加汤汁时，要从锅边淋入，不能直接浇在主、配料上，否则会造成色彩不匀、浓淡失调等现象。

3. 勾芡须先调准色和味

勾芡的粉汁分为水粉芡和兑汁芡两种。使用水粉芡，必须待锅中主、配料的颜色和口味确定后再进行勾芡。使用兑汁芡，应在盛具中调准粉汁的颜色和口味才能倒入锅中勾芡。如果勾芡后再调色和味，芡粉变黏变稠，一方面调料很难均匀分散，另一方面调料不易进入主、配料内，难以被菜肴吸收，进而影响菜肴成品质量。

4. 注意芡汁浓度适当

勾芡必须根据菜肴的芡汁要求、汤汁量和淀粉的吸水性能，决定淀粉汁的浓度和投量，使菜肴的芡汁恰如其分。如果芡汁太稠，容易出现粉疙瘩，而且菜肴成品不清爽；如果芡汁太稀，则会使菜肴的汁液增多，影响菜肴的成熟速度和质量。

5. 恰当掌握菜肴油量

菜肴如果油量过多，淀粉不易吸水膨胀产生黏性，汤菜不易融合，芡汁无法包裹在主、配料的表面。所以勾芡必须在菜肴油量恰当的情况下进行。如果在勾芡前发现油量过多，应用手勺先将油撇去一些才能勾芡。如果有些菜肴需要油汁时，可在勾芡后加入明油。

6. 灵活运用勾芡技术

勾芡虽然是改善菜肴口味、色泽、形态的重要手段，但并非每个菜肴都必须勾芡，而应根据菜肴的特点和要求灵活运用。有些菜肴根本不需要勾芡，如果勾了芡，反而降低了菜肴的质量。例如要求口感清爽的菜肴（如"清炒豌豆苗""蒜茸荷兰豆"）勾了芡便失去清新爽口的特点；主、配料质地脆嫩、调味汁液易渗透入内的菜肴（如干烧、干煸类菜肴），勾了芡反而影响这些菜肴的质感；主、配料胶质多、汤汁已自然浓稠的菜肴也无须勾芡，如"红烧蹄髈"；菜肴中已加入黏性调料的（如黄酱、甜面酱），也不需要勾芡，如"回锅肉""酱爆鸡丁"；各种凉菜要求清爽脆嫩、干香不腻，如果勾了芡反而会影响菜肴的质量。

（五）影响勾芡的因素

勾芡的本质是淀粉的糊化，利用淀粉糊化后的黏性和透明性来达到改善菜肴质量的目的。因此，影响淀粉糊化的种种因素必然会影响勾芡操作。了解影响勾芡的因素有哪些，它们是如何影响菜肴的，对于掌握勾芡的要领是很有帮助的。影响勾芡的因素主要有以下四种：

1. 淀粉种类

不同品质的淀粉，在糊化温度、膨润性及糊化后的黏性、透明性等方面均有一定的差异。成品淀粉一般按植物生长在地上或地下，分为地上淀粉和地下淀粉。从糊化淀粉的黏度来看，一般地下淀粉（如马铃薯粉、甘薯粉、藕粉、荸荠粉）比地上淀粉（如玉米淀粉、高粱淀粉）糊化后的黏度高。持续加热时，地下淀粉糊化后的黏度下降的幅度比地上淀粉大。从糊化淀粉的透明性来看，地下淀粉比地上淀粉要好得多。透明性与糊化前淀粉颗粒的大小有关，颗粒越小或含小粒越多的淀粉，其糊化后的透明性越好。因此，勾芡操作必须事先对淀粉的种类、性能做到心中有数，这样才能万无一失。

2. 加热时间

每一种淀粉都相应有一定的糊化温度。达到糊化温度以上，加热一定的时间，淀粉才能完全糊化。一般加热温度越高，糊化速度越快。所以在菜肴汤汁沸腾后勾芡较好，这样能够在较短的时间内使淀粉完全糊化，完成勾芡操作。在糊化过程中，菜肴汤汁的黏度逐渐增大，完全糊化时达到最大。之后随着加热时间的延长，黏度会有所下降。不同品质的淀粉，其黏度下降的幅度有所不同。

3. 淀粉浓度

淀粉浓度是决定勾芡后菜肴芡汁稀稠的重要因素。淀粉浓度高，芡汁中淀粉分子之间的相互作用就强，芡汁黏度就较大；淀粉浓度低，芡汁黏度就小。实践中人们就是用改变淀粉浓度来调整芡汁稀稠的。利芡、玻璃芡、熘芡、米汤芡等的区别，也有淀粉浓度的作用。淀粉浓度还是影响菜肴芡汁透明性的因素之一。对于同一种淀粉而言：淀粉浓度越大，芡汁透明性越差；淀粉浓度越小，芡汁透明性越好。

4. 有关调料

勾芡时往往淀粉与调料融合在一起，很多调料对芡汁的黏性有一定影响，如精盐、食糖、食醋、味精。不同品质的淀粉受调料影响的情况有所不同，例如：精盐可使马铃薯淀粉糊的黏度减小，但可使小麦淀粉糊的黏度增大；食糖可使这两种淀粉糊的黏度增大，但影响情况有一定区别，食糖浓度超过 5％ 时，小麦淀粉糊黏度急增；食醋可使这两种淀粉糊的黏度减小，不过其对马铃薯淀粉的影响更甚；味精可使马铃薯淀粉糊的黏度减小，但对小麦淀粉糊几乎没有影响。一般而言，随着调料用量的增大，它们产生影响的程度也随之加剧。因此在勾芡时应根据调料种类和用量来适当调整淀粉浓度，以满足菜肴芡汁的要求。

能力培养

上浆、挂糊训练

请根据烹调辅助手段知识，进行上浆、挂糊、勾芡的操作训练，总结操作实训体会。

活动要求：1. 根据烹调辅助手段的特点，列举菜肴应用案例。

2. 说明烹调辅助手段对各菜肴案例的作用。

3. 注意烹调辅助手段的操作流程和操作卫生。

项 目 测 试

一、填空题

1. 上浆（又称抓浆、吃浆）就是在经过刀工处理的主、配料中，加入适当的_____和_____，使主、配料由表及里裹上一层薄薄的浆液，经过加热，使制成的菜肴达到滑嫩效果的施调方法。

2. 挂糊（又称着衣），就是根据菜肴的质量标准，在经过刀工处理的主、配料表面，适当地挂上一层黏性的糊，经过加热，使制成的菜肴达到_____、_____效果的施调方法。

3. 勾芡就是根据烹调方法及菜肴成品的要求，在烹调过程中运用_____淋入锅内，以增加汤汁对主、配料_____的施调方法。

二、单项选择题

1. 菜肴"焦熘肉片"所选用的糊是（　　　）。

　　A. 全蛋粉糊　　　B. 水粉糊　　　C. 蛋泡糊

2. 菜肴"芫爆肉丝"所选用的浆是（　　　）。

　　A. 全蛋粉浆　　　B. 鸡蛋清粉浆　　C. 水粉浆

3. 菜肴"拔丝苹果"所选用的糊是（　　　）。

　　A. 发粉糊　　　　B. 拍粉拖蛋糊　　C. 水粉糊

三、判断题

1. 制作"拔丝土豆"时无须上浆和挂糊。（　　　）

2. 制作扒类菜肴时应选用翻拌法勾芡。（　　　）

3.制作"清炒虾仁"时无须勾芡。(　　　)

四、简答题

1.分别说出上浆、挂糊、勾芡在烹调中的作用是什么。

2.请结合实例分别说出上浆、挂糊、勾芡的类别和操作要领。

3.上浆与挂糊有何区别?

4.影响勾芡的因素有哪些?

5.请将你所学过的菜肴按上浆、挂糊、勾芡的类别予以归纳整理。

项目5.4　调　　味

> ## 学习目标
>
> 　　知识目标：1. 理解味觉和味的分类。
> 　　　　　　　　2. 理解调味的原则和流程。
>
> 　　技能目标：1. 能运用调味的手段和方法。
> 　　　　　　　　2. 能辨别调味的种类和味型。
>
> 　　素养目标：注重健康饮食和绿色烹饪意识的培养。

　　烹调中的调制是指运用各种调味料和各种施调方法，调和菜肴滋味、香味、色泽的过程。调制主要由调味、调香、调色三部分构成，调味为核心内容（本书主要讲授调味）。烹调菜肴时，合理选用调味料和调味方法，能突出原料本味，赋予菜肴美味；能去除原料异味，增加菜肴芳香；能调配菜肴色泽，增进菜肴美观；能确定菜肴风味，丰富菜肴味型。

一、味觉和味

　　简单地说，调味就是调和菜肴的滋味。具体地说，就是运用各种呈味调料和有效的调制手段，使调料与主、配料之间相互作用、配合，赋予菜肴一种新的滋味。调味是调制的组成部分，是菜肴调和手段的核心，是评价菜肴质量优劣的重要标准之一，它直接关系到菜肴的风味成败。烹调菜肴的目的是供人品尝食用，要掌握调味技术，就必须了解味觉和味、影响味觉的因素、调料的性质、调味的方法以及调味的原则等知识。

（一）味觉及其分类

1. 味觉的概念

所谓味觉，是某些溶解于水或唾液的化学物质作用于舌面和口腔黏膜上的味蕾所引起的感觉。味蕾是人体的味觉感受器，主要分布在舌的表面，特别是舌尖和舌的侧缘，会厌和咽后壁等处也有一些分布。它适宜的刺激是能溶于水的物质。味蕾接触到食物后，受到刺激而引起神经冲动，随后迅速传递给人的大脑的味觉中枢，再经大脑综合分析后便形成味觉印象。

2. 味觉的分类

味觉是一种生理感受，有广义和狭义之分。广义味觉也称综合味觉，是指食物送入口腔，经咀嚼进入消化道后所引起的感觉过程。广义味觉主要包括了人们对菜肴的个体形状、整体造型、色泽变化等因素构成的心理感觉，即心理味觉；也包括由人们所感知到的菜肴温度、菜肴质感、菜肴黏稠度、润滑度等物理性质的感觉，即物理味觉。狭义味觉是由菜肴化学成分决定的、由口腔味蕾细胞所感受到的味觉，也称化学味觉。

在烹调技艺中，调味作为一项专门技艺，主要是研究化学味觉，即菜肴中可溶性成分溶于唾液或菜肴的汤汁，刺激口腔中的味蕾，经味觉神经传达到大脑味觉中枢，再经大脑皮层产生的味觉。它是一个生理感受过程，在这一过程中，味蕾对菜肴味道的感受是最为关键的。

3. 影响味觉的因素

（1）温度　温度对味觉有一定的影响。一般来说 10~40℃ 是味觉感受最适宜的温度范围。其中以 30℃ 左右时，味觉感受最为敏感。当然，菜肴对温度的要求也各不相同，热菜的最佳食用温度为 60~65℃，而凉菜的最佳食用温度在 10℃ 左右。因此，给凉菜调味时，应比 30℃ 左右的最适滋味略为加重一些。此外，一年四季温度的变化对人的味觉也有影响。在炎热的夏季，人们多喜欢口味清淡的菜肴；在寒冷的冬季，人们则多喜欢口味浓厚的菜肴。

（2）浓度　呈味物质的浓度对人们的味觉感受影响也很大。呈味物质的浓度越高，人们对味的感受就越强；反之，味感就越弱。比如食盐浓度在 0.06% 以下、蔗糖的浓度在 1.1% 以下时，人们一般感觉不到咸味或甜味的存在。咸味最佳的感觉范围是在食盐含量 0.89%~2.0%。因菜肴类型的差异，人们对呈味物质最适浓度的要求略有不同。如食盐在汤菜中的浓度以 0.8%~1.2% 为宜；在烧、焖等类菜肴中的浓度一般以 1.5%~2.0% 为宜。这就要求在调味时，一定要根据菜肴的成菜标准，具体掌握好各种呈味物质的浓度。

（3）水溶性和溶解度　味觉的感受程度与呈味物质的水溶性和溶解度有着直接的关系。味觉只能感受溶解于水的呈味物质。绝对干燥的环境和不能溶于水的物质，是不能使味蕾产生味觉的。呈味物质只有溶于水成为水溶液后，才能够刺激味蕾产生味觉。呈味物质溶解速度的快慢直接影响到味觉的形成，其溶解速度越快，产生味觉的速度也就越快；反之，就越慢。如食盐、食糖，溶解速度较快，无论用它们调制热菜还是凉菜，人们都很快会感受到食盐的咸味、食糖的甜味。

（4）生理条件　引起人们味觉感受强度变化的生理因素主要有年龄、性别及某些特殊生理状况等。年龄越小，味觉感受就越灵敏。随着年龄的增长，味觉感受会逐渐衰退。儿童对苦味最敏感，老年人则比较迟钝。性别方面，男性和女性对味的分辨能力也有一定的差异，一般女性分辨各种味的能力，除咸味以外，都强于男性。味觉是个人的味神经冲动感受，受个人味觉敏感程度的影响，所以因人而异。味觉还受味蕾健康状况的影响。人生病时口中无味，常常是因为味蕾处在病态。当人饥饿时，对味的感觉极为敏感，会感受所食菜品味美可口，而饱食后则对味的感受比较迟钝。

（5）个人嗜好　个人的饮食习惯会形成个人饮食嗜好，从而造成人们味觉的差异。人们所处地域、气候条件也会影响群体的饮食嗜好。在特定生存环境中长期生活的人们，由于经常接受某一种滋味的刺激，便会逐渐养成特定的口味习惯，形成味觉的永久适应。但人们的饮食嗜好也可以随着生活习惯、生活方式的改变而发生变化。

（6）味觉之间的相互影响

味的对比现象　味的对比现象（也称味的突出）就是指两种或两种以上的呈味物质，以适当的浓度调配在一起，使其中一种呈味物质的味觉更为协调可口的现象。如在制作甜酸味型类菜肴时，在调味汁中加入适量精盐，可使甜味的味感增强，从而达到使菜肴口味甜酸适口的目的。制汤时要使汤汁鲜醇，也需加入适量精盐，以增加鲜味的味感程度。这种味的对比现象在实际中已得到了广泛的应用。

味的消杀现象　味的消杀现象（也称味的掩盖）就是指两种或两种以上的呈味物质，以适当浓度混合后，使每种味觉都减弱的现象。如烹制水产品、家畜内脏等有腥膻异味的原料时，所使用调料的种类和用量相对增加，以去除或减轻原料中的异味。此外，当调味出现咸味过重时，相应地酌加食糖可减轻咸味带来的不良味道。

味的相乘现象　味的相乘现象（也称味的相加）就是指两种相同味感的呈味物质共同使用时，其味感增强的现象。如在制作清汤时适量加入味精，可使汤汁鲜味的味感倍增。

味的变调现象　味的变调现象（也称味的转化）就是指将多种不同味道的呈味物质混合使用，导致各种呈味物质的本味均发生转变的现象。如人们在食用味道较浓厚的菜品后，再食用味道较清淡的菜品，则感觉菜品原料本身无味。所以在设计筵席菜单时，应考虑并合理安排上菜的顺序，以适应进餐者口味的需求。筵席上菜时对味道的要求是：先上味道清淡的菜肴，后上味道浓厚的菜肴；先上咸味的菜肴，后上甜味的菜肴。避免味道的相互转换，影响人们对菜肴的品味。

（二）味及其分类

1. 味的概念

味是指物质所具有的能使人得到某种味觉的特性，如咸味、甜味、酸味、苦味。

2. 味的分类

味概括起来可分为两类：单一味和复合味。

（1）单一味　单一味也称基本味、单纯味，是最基本的滋味，是指只用一种味道的呈味物质调制出来的滋味。从生理的角度看，只有咸味、甜味、酸味、苦味四种味。此外由于人们的习惯，往往把辣味、鲜味、麻味、涩味也列为单一味，但辣味实际是刺激口腔黏膜而引起的痛觉（灼痛感、灼热感），同时也伴有鼻腔黏膜的痛觉。鲜味则需要和其他原味配合使用，有使整个风味比它自身鲜味更美的特殊作用。麻味、涩味则是指舌黏膜的收敛感。调味时经常使用这些滋味，故也可将其列入单一味之中。

（2）复合味　复合味是指用两种以上的呈味物质调制出来的具有综合味感的滋味。复合味是指原料本味以外的调料味之间的复合，如咸鲜、咸甜味、酸甜味。

3. 常用调料在烹调中的作用

（1）精盐　精盐是经常使用的咸味调料，是能独立调味的基本味。它在调味中起着举足轻重的作用，人们常把精盐的咸味冠以"百味之主"的美称。精盐的主要成分是氯化钠，是颗粒状的白色（透明或不透明）晶体。氯化钠的咸味纯正，其水溶液具有很高的渗透压，腌制原料时就是依靠这种高渗透压作用使细菌的细胞脱水而达到防腐的目的。

精盐在烹调中除能调和入味外，还有许多特殊作用。利用精盐的高渗透压作用腌制动、植物性烹饪原料，可以抑制腐败细菌的生长，防止原料变质。在制作茸泥菜肴制品时，在茸泥（鸡茸、鱼茸）中加入适量的精盐进行调拌，可以大大提高茸泥的吃水量，使制成的菜肴成品柔嫩多汁。制作蜜汁类甜味菜肴时加入少量精盐，能够起到增甜解腻的作用。此外，制汤时加入适量精盐可提高汤汁的鲜味。

（2）食糖　食糖是经常使用的甜味调料。它能使菜肴味道甘美可口，起到调和滋味的作用，同时食糖还可以提供给人体所需的能量。食糖既可以调制单一甜味菜肴，也可以调配复合味菜肴。甜味中食糖是必不可少的调料，添加适量的食糖与食醋配合使用，可调配出酸甜口味的菜肴。食糖在烹调中除上述的作用外，还可以用来腌渍动、植物性烹饪原料，即糖渍。

（3）食醋　食醋是经常使用的酸味调料。食醋味酸而醇厚、香而柔和。食醋的酸味主要来自醋酸（也称乙酸）。由于产地、品种的不同，食醋中所含醋酸的浓度也不同。食醋具有调和菜肴滋味，增加菜肴香味，去除异味的作用；能减少原料中维生素 C 的损失，促进原料中钙、磷、铁等矿物质元素的溶解，提高菜肴的营养价值和人体的吸收利用率；能够调节和刺激人的食欲，促进消化液的分泌，有助于食物的消化吸收；能使肉质软化。除此之外，食醋还具有抑菌、杀菌作用，可用于食物或原料的保鲜防腐，并有一定的营养保健功能。

（4）味精　味精是经常使用的鲜味调料。味精的主要成分是谷氨酸钠，俗称味素、味之素。味精呈结晶或结晶粉末状，有一种特有的鲜味，易溶于水，溶解度随温度的升高而增大。

味精在烹调中有增鲜、和味与增强复合味的作用。使用味精时应注意加热时间和温度，味精不宜在高温下长时间加热，不要在碱性或酸性环境下使用。味精最宜在食盐溶液中使用。

（5）酱油　酱油是以黄豆、小麦等为原料，经发酵等工艺加工而成的棕褐色液体，附着力强。酱油有酱香和脂香气，味鲜美醇厚，有调味、提色、增鲜的作用。其被广泛用于凉菜、热菜以及面点、小吃等。酱油的营养成分主要是蛋白质和碳水化合物。酱油所含的氨基酸中，有 8 种是人体必需但又不能合成的。

（6）鸡精　鸡精是以鲜鸡肉、鲜鸡蛋为主要原料精制而成的高级调味品。它味鲜美、色淡黄，呈颗粒状。其主要成分除鲜鸡肉、鲜鸡蛋外，还有谷氨酸钠、核苷酸、盐、糖等。鸡精含多种氨基酸，融鲜味、香味和营养于一体，并被广泛用于菜肴、点心、馅料、汤菜的调味。

二、调味的作用和原则

菜肴的调和过程，是指在烹调过程中运用各种调味料和技法，使菜肴的滋味、香气、色泽和质地等要素，达到最佳效果的工艺流程。通过调和工艺可以确定菜肴的风味特色，如色泽、香气、滋味、形态、质地。在本质上，调和工艺是对烹饪原料固有的口味进行改良、重组、优化的过程。其目的是去除异味、调和美味、适应口味，将烹制中的食品转化成美食。其中，调味是调和工艺的核心内容。

（一）调味的作用

1. 可以除去异味、增进美味

在烹饪原料中，家畜类原料及其内脏和部分水产品等，大多有较浓重的腥、膻、臊等不良气味，往往会影响菜肴成品的质量。经调料的相互调配可减弱或去除这些不良气味，达到成菜的质量标准。

此外，调味能赋予烹饪原料滋味。特别是一些自身无味的烹饪原料，如豆腐、马铃薯、粉丝及经涨发后的干制原料。它们本身不具备鲜美的滋味，必须与调料或与具有呈味物质的原料共同调配，才能获得人们喜爱的滋味。通过调味还可使单一的味道形成鲜美可口的复合味，使烹饪原料成为美味可口的佳肴。

2. 形成菜肴的风味特色

菜肴的口味主要是靠调味决定特色，通过调味可使菜肴形成风味。调味可使菜肴味型多样化，这也是扩大菜肴品种和形成地方风味菜肴的重要手段之一。由于各地菜肴的调味方法、味型存在差异，由此形成了地域的风味特色。各地风味特色的差异，便形成了菜肴的风味流派，这是形成地域菜系的基础原因。

（二）调味的原则

1. 按照菜肴风味及烹调方法的要求准确调味

中式烹调的地方菜肴风味均不相同，在调制菜肴的口味时应视菜肴风味的要求，做到准确调味。由于各地菜肴风味和烹调方法各异，因此应根据菜肴成菜的质量标准，做到投料适时准确。力求投料规格化、标准化，做到同一类菜肴重复制作多次，其味能基本保持一致。

2. 根据烹饪原料的质地进行调味

在烹调过程中，会遇到各种性质的烹饪原料，要做到因材施调。由于烹饪原料的质地对菜肴成品的质量具有影响，在调味时要结合烹饪原料的特性和成菜标准合理调味。新鲜的原料要突出原料的本味，不宜以调料掩盖原料鲜味；带有腥膻等异味的原料，要酌加调料以去除不良的味道；无显著本味的烹饪原料，如经涨发后的鱿鱼、海参等，调味时必须适当增加鲜味，以弥补鲜味的不足。

3. 根据不同的季节因时调味

随着季节的变化，人们的口味也会随之改变。因此，调味时要在保证菜肴风味特色的前提下，根据季节变化调剂菜肴的口味。特别是设计筵席时，更要考虑每一季节的特点，根据季节的特点突出筵席菜肴的口味。在春季人们宜多食酸；夏季人们宜多食苦；秋季人们宜多食辛；冬季饮食会偏咸。在设计筵席菜单时可根据季节的特点，因时调剂菜肴的口味。春、夏两季由于气温较高，口味一般以清淡为宜，而在秋、冬季节，口味则以味道浓厚为主。

4. 按照进餐者口味的要求进行调味

烹调师要根据进餐者的风俗、饮食习惯、个人嗜好、性别年龄、职业情况实施准确调味。在调味时应掌握进餐者的口味要求，进行合理调味，以满足他们的饮食需求。

（三）调味的创新

中式菜肴有着丰富的味型，是世界上任何国家的菜肴不可比拟的。烹饪要发展，就必须不断开拓和创新，其中菜肴的调味创新是必不可少的。以味为主，变化无穷，味是菜肴之灵魂和核心。品种繁多的调味品、风格各异的调味方式和调味手段，形成了中式菜肴的特色。如今全国各地的调味品已不再受地域局限，国外的调味料也已涌入国内餐饮市场，也将成为菜品运用和创新的素材。

1. 以继承传统为根，以创新发展为本

要以传统菜肴为基础，尊重传统味型，遵循传统菜肴的本味，在传统风味的基础上逐步充实和提升创新意识。因此，恰当地运用市场上的新型复合调味品，从口味上入手创新味型，不但能产生特殊的效果，还能生成新的味型。这种对传统菜品加以一定的改制和创新的做法，有助于保持中餐烹饪的整体活力，有助于中餐烹饪的发展。

2. 与时俱进求变化，注重健康是根本

对于现代餐饮流行的菜肴，食客大都喜欢追求新异、注重特色，这就要求烹调师对菜品进行研发变革。因此，菜肴调味创新离不开一个"变"字。变则推出新意，用变化烹饪原料保持味型特色，即可烹制出相似味型的新型菜肴；用变化味型保持烹饪原料本质，即可演变出多种味型的系列菜肴。所以，运用烹饪原料或调味品及调味方法交叉转换，就可以变换出多种味型的菜肴品种；通过将传统调料和创新复合调料进行合理科学的组配，可以复配出更多的新型调料，创制出名目繁多的新兴味型。但菜肴制作的根本是要追求健康环保，应以有利于身体健康的创新菜肴作为基本原则，不要盲目地创新而失去菜肴的应用价值。

👆 **知识链接**

烹饪调味要注重饮食健康和绿色环保，在调味过程中要严格遵守《食品安全法》。例如亚硝酸盐是一种发色剂和防腐剂，但在使用中有严格的限制条件与限制添加量。在调味中，亚硝酸盐可与肉品中的肌红蛋白结合，充当肉食制品的护色剂，以维持其良好外观。此外，它还可以防止肉毒梭状芽孢杆菌的产生，起到防腐作用。但是，人体摄入过量的亚硝酸盐，会影响红细胞的运作，严重时会令脑部缺氧，甚至死亡。亚硝酸盐本身并不致癌，但在烹调过程中，肉品内的亚硝酸盐可与胺类物质发生反应，生成有强致癌性的亚硝胺。如果长期或大量食用硝酸盐或亚硝酸盐含量较高的腌制肉制品、泡菜及变质的蔬菜，可引起中毒，甚至死亡。

请同学们遵守《食品安全法》及相关法律法规，做绿色烹饪的引领者和守护者！

三、调味的方法和过程

中餐烹调注重调味时机和调味方法的运用。调味过程中调味品投放准确，施调方法和调味时机运用合理，是决定菜肴质量标准的关键。

（一）调味的方法

调味方法是指在烹调加工中使烹饪原料入味（包括附味）的方法。根据调味的方式和原理可分为如下方法：

1. 腌渍调味法

腌渍调味法是指将调料与菜肴的主、配料调和均匀，或将菜肴的主、配料浸泡在溶有调料的溶液中，经过腌渍一段时间，使菜肴主、配料入味的调味方法。如制作炸类菜肴时，烹饪原料在加热前一般都需要进行腌渍调味，使之达到入味的目的。

2. 分散调味法

分散调味法是指将调料溶解并分散于汤汁中的调味方法。如制作丸子类菜肴时，调制肉馅一般采取的都是分散调味法，以使调料均匀地分散在原料中，从而达到调味的目的。

3. 热渗调味法

热渗调味法是指在热力的作用下，使调料中的呈味物质渗入到菜肴的主、配料内的调味方法。此法是在上述两种方法的基础上进行的，一般在烧、烩、蒸等烹调方法中应用。如制作烧类菜肴时，均需要进行热渗调味法。烹调中采用小火、长时间加热的菜肴，目的是使汤汁中调料的呈味物质由表及里地渗透至烹饪原料内部，使之入味，从而使原料入味肌里、味道鲜美。

4. 裹浇、黏撒调味法

裹浇、黏撒调味法就是将液体（或固体）状态的调料黏附于烹饪原料表面，使烹饪原料带有滋味的调味方法。裹浇调味法在调味的各阶段均有应用。如冷菜"怪味鸡"是在原料加热后将调味汁浇在原料的体表进行调味的。热菜"糖醋脆皮鱼"也是采用此法。而黏撒调味法则是在原料加热前或原料加热后进行调味的。如"糖拌西红柿"是将切配后的西红柿装盘后，撒上白糖进行调味的。

5. 随味碟调味法

随味碟调味法是将调料装置在小碟或小碗中，随成品菜肴一起上席，供用餐者蘸而食之的调味方法。这种方法在冷菜、热菜中均有应用。如炸类菜肴的原料经烹调后，均需要进行调味，通常采用的都是随味碟调味法，进行调味的味型应视菜肴的要求及进餐者的需求而定。随味碟调料由进餐者有选择的自行佐食。

知识链接

调料分类和味型分类

名称	常用调味品	作用	调制复合味
咸味	盐、酱油	基础味，可以增鲜解腻、缓解辣味、突出主味	咸鲜、咸辣、咸香
酸味	米醋、番茄酱、果醋	去除异味，帮助消化，促进食物钙质的吸收	酸辣、酸甜
甜味	白糖、蜂蜜、果酱	去腥解腻，增进美味，缓解辣味，调和色泽	甜辣、甜咸
苦味	陈皮、苦杏仁	独特芳香，形成特色	可与咸、甜口味搭配
辣味	生姜、辣椒、胡椒	刺激食欲，去腥解腻，调和菜肴口味	香辣味、家常味、糊辣味
鲜味	鸡精、味精、虾油	含有氨基酸物质的调料，为菜肴增鲜	咸鲜
麻味	花椒	刺激食欲，去腥解腻，除去异味	麻辣、椒麻味
香味	芝麻、大料、香叶	散发出香味，诱人食欲	酱香味

（二）调味的过程

调味的过程按菜肴的制作工序时机可划分为三个阶段，即原料加热前的调味、原料加热中的调味、原料加热后的调味。

1. 原料加热前的调味

原料加热前的调味属于基本调味，是指原料在正式加热前，用调料采用腌渍等方法进行调味。其主要利用调料中呈味物质的渗透作用，使原料表里有一个基本的味型。此阶段调味的主要目的是使烹饪原料在正式烹调前就具有基本的味型（也称入底味、底口），同时也能改善烹饪原料的气味、色泽、质地及持水性。

在加热前的调味一般适用于炸、煎、烧、炒、熘、爆等烹调方法制作的菜肴。由于制作菜肴的品种、标准要求及原料质地、原料形状的差异，在调味时应恰当投放调料，并根据原料的质地合理安排腌渍时间。

2. 原料加热中的调味

原料加热中的调味属于定型调味，是指原料在加热过程中，根据菜肴的要求，按照时序，采用热渗、分散等调味方法，将调料放入加热容器（煸锅、炒勺、蒸锅）中，对原料进行调味。其目的主要是使所用的各种原料（主料、配料、调料）的味道融合在一起，并且相互配合、协调一致，从而确定菜肴的味型。

原料加热中的调味一般适用于烧、蒸、煮等烹调方法制作的菜肴。由于原料加热中的调味是定型调味，是基本调味的继续，对菜肴成品的味型起着决定性的作用。所以调味时应注意调味的时序，把握好施用调料的量。

3. 原料加热后的调味

原料加热后的调味属于补充调味，是指原料加热结束后，根据菜肴的需求，在菜肴出勺（起锅）后，采用裹浇、随味碟等方法进行补充调味。其目的是补充前两个阶段调味的不足，使菜肴成品的滋味更佳。一般适用于炸、熘、烤、涮等烹调方法制作的菜肴，调味时应根据菜肴成品的要求，采用调料做必要的补充调味。

上述三个阶段的调味是紧密联系在一起的调味过程，它们之间相互联系、相互影响、互为基础，其主要目的是保证菜肴达到理想的滋味。

能力培养

调味中的味觉现象

准备白糖、咖啡、鸡汤、精盐、味精等原料。请根据活动过程中的味觉相互影响，总结调味原理。

活动要求：1. 品尝糖水和加入 0.1% 盐的糖水，体会哪个更甜。

2. 品尝未调过味的鸡汤和加入精盐的鸡汤，体会哪个更鲜。

3. 品尝未加糖咖啡和加糖咖啡，体会苦味的差别。

4. 喝过浓糖水后，再喝清水，体会其味道。

项 目 测 试

一、填空题

1. 烹调中的调制是指运用各种 _____ 和各种 _____，调和菜肴 _____、_____、_____ 的过程。

2. 所谓味觉，是某些溶解于 _____ 的化学物质作用于舌面和口腔黏膜上的 _____ 所引起的感觉。

3. 调味方法是指在烹调加工中使烹饪原料 _____（包括附味）的方法。根据调味的方式和原理可分为 _____、_____、_____、_____、_____。

4. 调味的过程按菜肴的制作工序时机，可以划分为三个阶段_____、_____、_____。

二、单项选择题

1. 味觉感受最适宜的温度是（　　　）。

    A. 10~40 ℃   B. 70 ℃   C. 10 ℃以下

2. 汤菜中一般浓度以（　　　）。

    A. 0.8%~1.2% 为宜   B. 2% 为宜   C. 2% 以上为宜

3. 菜肴"干炸丸子"的调味方法是（　　　）。

    A. 原料加热前调味与原料加热后调味结合

    B. 原料加热前调味

    C. 原料加热前调味与原料加热中调味结合

三、判断题

1. 味觉的感受程度与呈味物质的水溶液和溶解度没有直接联系。（　　　）

2. 在 30 ℃左右时人的味觉最为敏感。（　　　）

3. 老年人对苦味最为敏感，儿童对苦味则比较迟钝。（　　　）

四、简答题

1. 烹调过程分哪三个部分，各具有哪些作用？

2. 调味具有哪些作用和原则？

3. 结合实例说明调味有哪些方法。

4. 结合实例说明影响调味的因素有哪些。

项目 5.5　制　　汤

学习目标

    知识目标：1. 理解制汤的作用和地位。

                    2. 理解制汤的分类和原理。

    技能目标：1. 能辨别汤汁种类和制汤方法。

                    2. 能根据标准流程制作汤汁。

    素养目标：注重中餐烹饪文化和烹饪学习态度的培养。

一、制汤的意义和原理

在烹调技艺中，汤汁是制作菜肴的重要辅助手段，是形成菜肴风味特色的重要组成部分。中式烹调师认识汤、掌握制汤的基本技法，对中式菜肴制作有着非常重要的意义。

（一）制汤的意义

制汤又称汤锅、吊汤，就是将新鲜动、植物性烹饪原料放入适量水中，运用适当火力长时间加热，使原料中的鲜味物质和营养物质充分溶解，从而制成营养丰富、滋味鲜美的汤汁的过程。

制汤工艺在烹饪流程中具有重要地位，无论是普通原料还是高档原料，大多都需要用汤汁调味，才能保证菜肴味道鲜美醇厚，突出菜肴风味，使菜肴富有营养。

（二）汤汁的分类

1. 按烹饪原料的性质划分

按烹饪原料的性质，汤汁可分为荤汤和素汤两大类。荤汤按制汤原料划分有鸡汤、鸭汤、鱼汤、海鲜汤等；素汤有豆芽汤、香菇汤等。

2. 按汤汁的味型划分

按汤汁的味型，可分为单一味和复合味两种。单一味是指用一种原料制作而成的汤汁，如鲫鱼汤、排骨汤；复合味汤是指用两种以上原料制作而成的汤汁，如双蹄汤、蘑菇鸡汤。

3. 按汤汁的色泽划分

按汤汁的色泽，汤汁可分为清汤和白汤两类。清汤清澈可见汤底，口味清醇，又分为普通清汤和高级清汤两种。白汤汤色乳白，口味浓厚，又分为普通白汤和高级白汤两种。

4. 按制汤的工艺方法划分

按制汤的工艺方法，汤汁可分为单吊汤、双吊汤、三吊汤等。单吊汤就是一次性制作完成的汤；双吊汤就是在单吊汤的基础上进一步提纯，使汤汁清澈，汤味变浓；三吊汤则是在双吊汤的基础上再次提纯，形成清澈见底、味道醇美的高级清汤。

（三）制汤的原理

在制汤过程中，制汤原料在火候的作用下，会产生物理和化学变化，从而形成了各种状态的汤汁。作为专业烹调师，掌握制汤的原理有助于正确运用制汤的方法。

1. 荤白汤形成的原理

荤白汤除营养丰富、味道鲜美外，还具有汤浓色白的特点。由于制汤原料中动物的骨架、筋、皮和结缔组织含有丰富的胶原蛋白，在长时间加热过程中，胶原蛋白水解生成溶于水的明胶，使汤变得黏且浓，这是荤白汤变浓的主要原理。汤中的奶白色主要是由于脂肪的乳化作用而形成的。

乳化作用的产生有两个条件：第一是由于水沸腾产生的振荡力，在振荡力的作用下，溶解于水中的脂肪形成细小的液滴，均匀分布于水中，形成奶白色的乳浊液。荤白汤原料中的脂肪含量较高，煮制的汤汁应该始终保持沸腾振荡状态。第二是汤中一定要有使乳化稳定的乳化剂。因为水与油形成的乳浊液是不稳定的，只要振荡停止，由于油的密度比水小而上浮，形成油脂和汤汁上下分离为两层，如果汤中有乳化剂存在，这种奶白色的状态就能维持下去。动物骨骼中含有丰富的乳化物质，制作荤白汤时选择动物骨骼就是因为这个原理。

2. 荤清汤形成的原理

荤清汤除了汤鲜味美外，还具有汤汁清澈透明的特点。制作荤清汤时一般以原汤为基础汁进行清制处理。由于原汤中含有大量未被水溶解的微小颗粒，因此使汤汁浑浊不清。清制处理的目的就是去除致使原汤浑浊的微小颗粒，使汤汁清澈见底。

清制汤汁的原理：① 利用蛋白质在加热过程中的吸附作用。将用水或汤澥开的鸡肉茸或猪肉茸均匀分散于汤汁中，用以吸附汤中浑浊的微小颗粒。② 利用蛋白质在加热过程中的凝絮作用。在加热过程中，鸡肉茸的蛋白质不断吸附汤中各种悬浮物，同时形成丝絮状的凝固物质，由于它的结构松散，密度比水小而缓慢上浮，上浮过程中进一步吸附汤中悬浮物后浮于汤面。撇去汤面上的絮状物后，汤汁便清澈透明。另外，在制作清汤的过程中，要避免制汤原料发生乳化作用，在火候的选择上应选择小火长时间加热，保证汤汁清澈。

中式烹调在制汤工艺上有着悠久的历史传承，从制汤工艺中也可见中国烹饪的博大精深和聪明才智。作为现代餐饮人，我们要提倡利用天然食材，绿色环保、科学烹饪，推广传统制汤工艺，弘扬传统烹饪文化精髓。

二、汤汁的制作

制汤时，要根据菜肴的档次、烹调的需求和原料的性质，掌握正确的制汤方法，才能达到汤汁和菜肴质量标准。

（一）荤汤的制作

1. 荤白汤的制作

荤白汤又称奶汤，有普通荤白汤与高级荤白汤之分。制作荤白汤一般是用旺火煮沸，用中火煮制，始终保持汤在沸腾状态。

（1）普通荤白汤的制作　普通荤白汤有两种制法，制法较简单，用法较为普遍。

采用新鲜的原料　将鸡、鸭、猪肉、翅膀、猪骨等原料放入冷水锅内，水量要足，加葱、姜、料酒，用旺火煮沸后去掉汤面的浮沫，加盖或密封后继续加热，直至汤汁呈乳白色。

采用制过荤白汤的原料　将制过荤白汤的原料加水后再加热 2~3 h，至汤汁呈乳白色。也可再加入鸡爪、猪骨、鸡骨架等原料同煮，这种汤汁浓度和鲜味不足，可以作为普通菜肴的调味。

（2）高级荤白汤的制作

制汤原料　高级荤白汤的制作选料要更严格，应选用鲜味足、无腥膻气味的原料，如老母鸡、肥鸭、鸡鸭骨架、猪肘、猪蹄、猪骨等原料，还可适当加入干贝、海米、火腿等原料辅助增香。

制汤方法　将烹饪原料清理洗净，放入沸水锅内焯水后捞出，再放入冷水锅内用旺火加热。待汤汁将沸时，撇去汤面上的血沫，加入葱、姜、料酒，烧沸后转用中火，使汤汁保持沸腾状态。加盖或密封煮 3~4 h，见汤色乳白、汤汁浓稠后，滤去渣状物即可。制得的汤汁一般是汤料的 1~1.5 倍。制作高级荤白汤的工艺流程如图 5-1 所示。

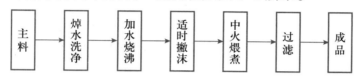

图 5-1　制作高级荤白汤的工艺流程

2. 荤清汤的制作

荤清汤清澈见底、口味鲜醇。制作荤清汤时要在汤汁沸腾后立即改为小火长时间加热，让汤汁表面始终保持沸而不腾的状态。煮好后要对汤汁进行清制处理，达到汤汁清澈鲜醇的效果。按汤汁的应用档次有普通荤清汤与高级荤清汤之分。

（1）制作荤清汤的原料　制作清汤的原料以老鸡为主，适当选配猪肘、鸭、猪骨及鸡鸭骨架等。制汤原料的脂肪含量不宜过高，避免因脂肪乳化影响汤色，猪蹄、肉皮等原料也不宜选用，否则会影响汤汁的清澈度。

（2）制作荤清汤的方法　制作的荤清汤能否达到质量标准主要取决于原料的基本属性、投放原料之间的比例、火候运用情况、清制过程的原料和方法等。制作荤清汤时，应根据清汤的实际应用档次，灵活运用原料和清制方法。

普通荤清汤的制作　制汤原料可采用老鸡、瘦猪肉或牛肉等，也可适当选加猪骨及鸡鸭骨架，用料比例根据实际用途灵活掌握。首先，将制汤原料清理洗净，放入沸水锅焯水后冲洗干净，然后放入锅内加清水烧沸，立即转为小火加热，撇净汤面浮沫，加入葱、姜、料酒，让汤始终保持微沸（汤面呈菊花心状）。煮 3~4 h 后将原料捞出，经过滤清或用红臊（猪肉茸）提清后制成荤清汤。

高级荤清汤的制作　将制得的普通荤清汤进一步提炼清制而成高级荤清汤。提清的原料选用鸡脯肉茸制成白臊，用鸡腿肉或猪瘦肉茸制成红臊，各提清一次或多次，直至汤清澈为止。制作高级荤清汤以现用现制为宜，其用料比较讲究，火候的运用与制作普通荤清汤相同。制作高级荤清汤的工艺流程如图 5-2 所示。

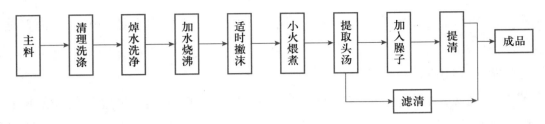

图 5-2　制作高级荤清汤的工艺流程

（3）荤清汤的清制方法　荤清汤的清制过程就是去除汤汁中浑浊的微小颗粒的过程，从而提高汤汁的透明度，同时将臊子中的各种营养物质进一步析出溶于汤汁中，增加汤汁的营养和鲜味。清制的方法有以下两种：

① 滤清　即对煮好的汤汁进行过滤的方法。过滤时可用细金属网筛或细纱布。广东地区制作清汤多用此法。

② 提清　也称扫汤、清汤（清理的意思），就是在加热过程中，利用某些富含蛋白质的臊子（如鸡肉茸、猪肉茸、牛肉茸）所具有的吸附和凝固作用清理汤汁的一种方法。

用于提清的臊子除鸡肉茸、猪肉茸外，还可用牛肉茸、鸡鸭血、蛋清等提清。高级荤清汤一般要经两次或多次提清，所用臊子以鸡肉茸为主；一般荤清汤可用猪肉茸提清。提清时所用的臊子按照原料的色泽分为红臊和白臊，如鸡腿肉、猪瘦肉、精牛肉制成的肉茸因色红，称为红臊；用鸡脯肉制成的肉茸因色白，称为白臊。主要采用以下两种方法提清：

沸汤清汤法　将臊子用适量的冷水或冷汤澥开，再加入少许葱姜水、料酒等搅匀。将汤烧沸，将一部分臊子用手勺顺一个方向搅匀。待臊子受热并吸附汤中的悬浮物逐渐凝聚成棉絮状而靠近锅边时，转为小火加热使汤微沸，防止絮状物冲散，然后撇去汤面浮沫。放入余下的臊子用手勺轻轻搅匀，待汤微沸时，再撇净浮沫。此时汤已澄清，然后捞尽臊子，用手勺将臊子压成饼状，轻轻放回汤中，使臊子中的营养成分继续析出。将汤锅移至火旁，加盖或密封，保温待用。

温汤清汤法　沸汤晾至60℃左右，将调制好的臊子倒入汤中，用手勺顺一个方向搅动，使臊子均匀扩散。然后用旺火加热，用手勺顺一个方向搅动，增加臊子与悬浮物的接触机会。待臊子吸附各种悬浮物后，凝聚成棉絮状上浮至汤面，撇去汤面浮沫。待汤澄清时，将汤锅移至火旁，加盖或密封，保温待用。

（二）素汤的制作

用植物性烹饪原料加工制作的鲜汤称为素汤。制作素汤通常选用富含蛋白质、脂肪等营养成分的植物性烹饪原料，如黄豆、黄豆芽、蚕豆、冬笋，以及菌类中的香菇、口蘑、竹荪等。

由于制汤原料及火候上的不同，制得的素汤在风味特点上也有差异。素清汤汤汁清澈鲜醇，制作的火候是用旺火烧沸，转小火或微火煮2~3 h。素白汤的汤色乳白、汤鲜味浓，制汤时的火候宜选用旺火或中火沸煮，直至汤浓色白。煮制时间可以根据原料性质及数量而定。

下面介绍四种素汤的制作方法：

1. 素清汤（素什汤）

将鲜笋根部、香菇蒂、黄豆芽清理洗净，放入锅内，加冷水用旺火烧沸，转为微火使汤微沸（汤面呈菊花状）。煮制 2~3 h 离火，用洁布过滤后即成。素清汤的特点：口味鲜美、清爽利口。

2. 黄豆芽汤

将黄豆芽择洗干净并去掉豆皮，放入油锅内煸炒至豆芽发软时，加入冷水（水量要足）并加盖用旺火熬煮，至汤汁剩六成、汤浓色白时，将汤用洁布过滤后即可应用。黄豆芽汤的特点：汤色乳白，味鲜醇厚。

3. 口蘑汤

用温水将口蘑反复揉搓刷洗，去净泥沙及杂质，放入沸水锅中焖泡至透，捞出放入锅内。再倒入澄清的泡口蘑原汁，加入冷水，用旺火烧沸后转为微火，煮制 2~3 h，用洁布过滤即成。口蘑汤的特点：汤汁澄清、香醇味美。

4. 冬笋汤

将鲜笋去壳后洗净，放入锅内加入冷水，用旺火烧沸，再转为小火煮制 1 h 左右，用洁布过滤后即可应用。冬笋汤的特点：清香鲜浓。

（三）荤汤的制作要领

1. 合理选用制汤原料

制作荤汤时应选鲜味足、营养丰富且无异味的原料。选择原料一定要遵循汤汁特点及形成的条件，制作荤白汤的原料应含有一定的脂肪和促使乳化稳定的乳化剂，以及使汤汁浓稠的胶原蛋白。但在制作荤清汤的原料中，脂肪和胶原蛋白的含量都不宜过多，以免影响汤汁的清澈度。

2. 原料应冷水下锅，不宜中途添加冷水

制作荤汤时原料应冷水下入汤锅，主要是延缓原料中蛋白质受热凝固的过程。如果将原料直接放入沸水锅，其表层蛋白质会过早变性凝固，将影响原料中营养物质及鲜味物质的充分析出。制汤过程中不宜加入冷水，否则因汤汁温度突然下降，原料表层蛋白质骤然凝固，已经疏松的肌肉组织遇冷收缩，将阻碍原料中鲜香营养物质的析出，影响汤汁的质量。

3. 恰当运用制汤火候

荤白汤的制作应该先用旺火烧沸，再转用中火煮制，汤汁始终保持沸腾的状态，以提供汤汁中脂肪乳化所需的能量。制汤火力也不能过大，以防煳底产生异味和水分蒸发过快；若火力过小，汤的色泽、汤的味道及汤的浓度都达不到要求。

荤清汤的制作应该先用旺火烧沸再用小火煮制，汤始终保持沸而不腾的状态。若火力过大，

167

单元 5 中式烹调技术

溶于汤中的脂肪易乳化，使汤浑浊；若火力过小，鲜味物质难以充分析出，影响汤的口味。

4. 提清时应顺一个方向缓慢搅动

荤清汤提清时，应将腺子调匀分散下入汤锅，避免腺子在未扩散前受热凝固，影响吸附效果。放入腺子后，用手勺顺一个方向缓慢搅动，可以增加腺子与悬浮物的接触机会，增强吸附效果。若搅动过快，则会将已形成的絮状物打散，致使汤汁变浑。

5. 注意撇去浮沫的时机

在制汤过程中，待汤将沸时，原料内部的血红蛋白已充分渗出凝固，脂肪溶出较少。这时撇去汤面上的浮沫，可减少脂肪的损失（对荤白汤尤为重要）。制作荤清汤的原料脂肪含量较少，火候运用与白汤也有差异，汤面要保存有一定的浮油，这样不会影响荤清汤的质量并可减少汤内香味的散失。浮油可以在提清前撇净。

6. 恰当使用调料

葱、姜、料酒等调料应在撇去浮沫后加入，主要目的是除异增香。制汤时应掌握好放盐的时机，应在放入腺子前加入少许精盐，以促使汤汁中的悬浮物加速聚集，有助于增强提清效果。若制汤过程中加盐过早，将使原料表层蛋白质过早变性凝固，导致原料中的营养物质不能充分析出，将会影响汤汁的口味和色泽，最终影响汤汁质量。

> **能力培养**
>
> #### 制 汤 训 练
>
> 准备猪脊骨、干香菇、整鸡、猪肘、鲜笋等原料，练习制作荤汤和素汤。
>
> 活动要求：1. 总结荤汤和素汤制作原理、方法和流程。
>
> 　　　　　2. 总结荤清汤的提清流程和方法。
>
> 　　　　　3. 查找资料搜集养生制汤的案例和制汤方法。

项 目 测 试

一、填空题

1. 制汤又称汤锅、吊汤，就是将 _____ 烹饪原料放入适量水中，运用适当火力 _____ 加热，使原料中的 _____ 和 _____ 充分溶解，从而制成营养丰富、滋味鲜美的汤汁的过程。

2. 制汤时，要根据菜肴的档次、_____ 和 _____，掌握正确的制汤方法，才能达到 _____ 和 _____ 标准。

二、选择题

1. 制得的汤汁一般是汤料的（　　　）。

　A. 1~1.5 倍　　　B. 3 倍以上　　C. 5 倍以上

2. 下列汤汁中更为清澈、醇厚的是（　　　）。

　A. 单吊汤　　　　B. 双吊汤　　　C. 三吊汤

三、判断题

1. 无论制白汤还是清汤，都离不开富含胶原蛋白的原料。（　　　）

2. 制荤白汤时宜用小火、长时间加热。（　　　）

3. 制荤清汤时火候应用大火、长时间加热。（　　　）

四、简答题

1. 汤汁可分为哪几个种类？

2. 结合实际叙述白汤和清汤的制作过程。

3. 制作荤汤有哪些技术要领？

4. 清制汤汁的原理是什么？

5. 荤清汤在提清时为何要选用红臊或白臊？

项目 5.6　菜肴烹调方法

学习目标

　　知识目标：1. 理解菜肴烹调方法的类别和流程。

　　　　　　　2. 掌握采用不同烹调方法制作的菜肴的特点。

　　技能目标：1. 能根据菜肴制作流程，识别菜肴烹调方法。

　　　　　　　2. 能明确烹调方法的技术要领。

　　素养目标：注重勤学、钻研等意志品质和烹饪环境保护意识的培养。

　　烹调方法是指经过初步加工成形的烹饪原料，运用加热、调和等手段将其制成特色风味菜肴的方法。根据中式餐饮的特点，中餐烹调方法还包括只调制不加热的方法，如生拌、生炝、生渍、生腌；以及只加热、不调制的方法，如煮（饭）、熬（粥）、蒸（馒头）、烤（甘薯）。

由于我国地域广阔，烹调特色文化具有一定的区域性和地方性。中餐烹饪原料又具有广泛性，人们对菜肴的色、香、味、形、质、器、养都有着更新、更高的要求。

中餐烹饪事业经历了前辈的传承和归纳整理，形成了完整的理论体系，让中餐烹饪技法有章可循、有理可依。中式菜肴制作过程中所采用的加热途径、辅助手段和火候运用都不尽相同，由此而衍生形成了多种门类的烹调方法。

烹调方法对菜肴的制作工艺具有指导意义，是中式烹调技艺的核心。通过烹调方法规范流程，产生复杂的烹调理化反应，从而产生色泽、香气、味道、形态、质感等特色标准，形成了利于健康养生的风味菜肴。

一、烹调方法的分类

目前，中式菜肴的烹调方法可以按传热介质、烹和调的运用和凉热菜肴形式进行分类。

（一）按传热介质分类

现代中式烹调常用的有油、水、汽、固体和电磁波等传热媒介，可分为油烹法、水烹法、汽烹法、固体烹法、电磁波烹法及其他烹法，还包括多种传热介质的混合烹法。

1. 油烹法

油烹法是指通过油脂把热量以热对流的方式传递给烹饪原料，将烹饪原料制成菜肴的烹调方法，如炒、爆、炸、熘、烹、拔丝、挂霜。

2. 水烹法

水烹法是指通过水将热量以热对流的方式传递给烹饪原料，菜肴主要成熟过程是以水作为传热介质的烹调方法，如氽、涮、烩、煮、焖、烧、炖、扒、灼、浸、蜜汁、软熘。

3. 汽烹法

汽烹法是指通过水蒸气将热量以热对流的方式传递给烹饪原料，菜肴主要成熟过程是以水蒸气作为传热介质的烹调方法，如蒸、隔水炖。

4. 固体烹法

固体烹法是指通过盐或沙粒等固体物质将热量以热传导的方式传递给烹饪原料，菜肴主要成熟过程是以固体物质作为传热介质的烹调方法，如盐焗、沙炒。

5. 电磁波烹法

电磁波烹法是指以电磁波、远红外线、微波、光能等为热源，通过热辐射、热传导等方式将热量传递给烹饪原料，致使菜肴成熟的烹调方法，如微波加热、远红外线加热和光能加热。

6. 其他烹法

在实际应用中，按照传热介质划分还会遗漏有调无烹的菜肴案例，有些烹调方法所采用的传热介质难以归为上述各类，如泥烤、竹筒烤，故统一作为其他烹法。

综上所述，按传热介质的分类方法，可将烹制方法与调制方法有机结合起来，系统性强，烹调方法之间的区别比较明确（本教材将按此方法划分烹法类别）。

（二）按烹和调的运用情况分类

在烹饪实践中，烹调方法多数是烹制和调制的综合运用，少数是只调制不烹制，还有些是只烹制不调制。因此，可将烹调方法分为有烹有调法、有调无烹法和有烹无调法三类。

1. 有烹有调法

有烹有调法是指在制作菜肴的过程中，烹制和调制结合在一起、综合运用的烹调方法。在实际运用时，烹制和调制可同时进行，也可以先调制后烹制，或者先烹制后调制，或者先调制后烹制再调制。此类烹调方法数量繁多、用途最广，热菜、凉菜皆可，如炸、熘、爆、炒、烹、煎、贴、烧、扒、焖、煨、炖、煮、涮、汆、烩、蒸、烤、挂霜、拔丝、蜜汁、卤、酱、冻、熏、熟拌。

2. 有调无烹法

有调无烹法是指在制作菜肴的过程中，只有调制不需要烹制加热。此类方法数量不多，常用于凉菜制作，如生拌、生炝、生腌。

3. 有烹无调法

有烹无调法是指在制作菜肴的过程中只加热烹制，不需要味道调和。此类方法数量更少，如"白灼活虾""爆肚"。此类菜肴的调制是带味碟上席，由用餐者根据自己的口味进行调味。此类烹调方法一般还用于主食的制作，如煮（饭）、熬（粥）、蒸（馒头）、烤（甘薯）。

综上所述，按烹和调的运用情况分类，可全面概括所有的烹调方法，可直接反映出烹制或调制时所采用的工艺及操作特点和菜肴属性。但按烹和调情况分类，没有从本质上揭示各种烹调方法之间的区别。

（三）按凉热菜式分类

按凉热菜式分类烹调方法可划分为凉菜烹调方法和热菜烹调方法。

1. 凉菜烹调法

凉菜是指食用时，成品菜肴的温度接近或低于人的体温的一类菜肴。用于此类菜肴制作的烹调方法即为凉菜烹调方法。凉菜烹调法分为热制凉吃法和凉制凉吃法两种方法。

（1）热制凉吃法　热制凉吃法是指菜肴制作时，调制与加热同时进行，制成菜肴后再冷却以供食用的菜肴。常用的烹调方法有卤、冻、白煮、炸收等。

（2）凉制凉吃法　凉制凉吃法是指菜肴在调制阶段不经加热而直接成菜的方法。常用的烹调方法有拌、炝、腌等。

2. 热菜烹调法

热菜是指菜肴食用时，成品菜肴的温度明显高于人体温度的一类菜肴。用于此类菜肴制作的烹调方法即为热菜烹调方法。这类烹调方法包括了除凉菜烹调法之外所有的烹调方法。

综上所述，按凉热菜式分类烹调方法，比较简明地反映了菜肴的特色，我们在实际工作中常用作烹饪岗位划分，如烹调（灶台）岗位和凉菜岗位。但不足的是，此种划分方法容易产生遗漏，同一种烹调方法既可以做热菜又可以做凉菜，如烤、炸、煮、挂霜。因此，凉菜和热菜的根本区别是食用时温度的高低，而不是烹调方法的不同。

为方便教学，本书按传热介质分类讲授烹调方法。

二、油烹法

油烹法是指以油为传热介质的烹调方法。根据用油量的多少，其可分为大油量烹制、小油量烹制和薄层油量烹制三种方式。大油量烹制是以过油为主，如炸、烹；小油量烹制方式，油量相对较少，如滑油时，将原料在油中滑散至成熟的过程；薄层油量烹制方式的用油量最少，如炒、煎等烹调方法。

（一）油烹类菜肴特点

1. 口味干香

油烹法可以降低原料的含水量，浓缩烹饪原料的风味；经高温油的加热，旺火速成可防止原料水分流失，减少营养成分流失，保护原料的口味和特色。

2. 质感丰富

油烹法的温度变化可形成丰富多彩的菜肴质感，如滑嫩、爽脆、酥脆、松软，增添了菜肴的质感和味型特色。

3. 色彩诱人

油烹法可润化菜肴色泽，使蔬菜色泽更加鲜艳、光润，动物性原料由于发生焦糖化反应产生褐色，可得到富有食欲的色泽。

4. 造型美观

原料经过油烹处理后，形成较致密的保护层，原料内部成分不易溶出，使菜肴形态饱满，富有特色的造型。

（二）烹调方法

1. 炸

炸是将经加工后的烹饪原料，放入具有一定温度的大油量中，使原料成熟并达到质感要求的烹调方法。炸可分为挂糊和不挂糊两种，其中不挂糊称为清炸，而挂糊则由糊的种类划分炸制方法。炸需要先将原料加工成形，炸制会使用调料腌渍，然后挂糊（也可不挂糊），再用不同温度的油炸制成熟。食时需带辅助调料上席。

炸类菜肴案例

（1）制品特点　香、酥、脆、嫩、软。

（2）制法种类　清炸、干炸、软炸、酥炸、卷包炸等。

（3）操作要领　应根据菜肴质感要求调控油温及灵活运用火候；视主料含水量的多少来调制糊的稀稠度。

2. 烹

烹是将经过加工后的烹饪原料，以过油为初步熟处理手段，再放入调味料或兑好的清汁（不加淀粉）中，翻炒成菜的烹调方法。烹多用挂薄糊、拍粉或上浆处理的辅助手段，成菜后微有汤汁，不勾芡。

烹类菜肴案例

（1）制品特点　酥香、软嫩、清爽不腻，味型多以咸鲜、酸甜为主。

（2）制法种类　炸烹、清烹、滑烹等。

（3）操作要领　主料走油（滑油）时，应注意油温的控制，油温过高或过低都会影响菜肴的质感。烹制前所调配的调味清汁，应视主料的多少来配制。烹汁的量要恰到好处。

3. 爆

爆是指将加工成形的烹饪原料，以高温油作为传热介质进行初步熟处理，再煸炒主配料，烹入勾兑的芡汁，旺火速成的菜肴烹调方法。

爆类菜肴案例

（1）制品特点　脆嫩、软嫩、汁芡紧抱，味型各异。

（2）制法种类　按照熟制处理方式和调味特点，分为油爆、芫爆、酱爆、葱爆等。

此外，汤爆和水爆虽然习惯上称为爆类菜肴，但不属于油烹法。这两种方法都是将主料（如鸡鸭肫、肚仁、毛肚）用沸水焯至半熟后捞入器皿内。二者的区别在于：汤爆是用调好味的沸汤冲熟；水爆则是用无味的沸水冲熟，另备调料蘸食。这两种方法，水或汤一定要沸滚，边冲边搅，以使主料受热均匀。

（3）操作要领　注意火候标准；原料成形中剞刀法的运用；调味芡汁比例要准确。

4. 熘

熘是将主料经走油或滑油等熟制处理后，再将烹制好的芡汁浇淋在主料上，或将主料放入芡汁中快速翻拌均匀成菜的烹调方法。

熘类菜肴案例

（1）制品特点　酥脆或软嫩，味型多样。

（2）制法种类　因烹调辅助手段和初步熟制处理的方式不同，可分为焦熘、滑熘、软熘。

（3）操作要领　应根据主料含水量的高低，掌握糊或浆的稀稠比例；芡汁的浓度适度，既能均匀包裹在主料上，又能呈流溏状态。

此外，熘法可以根据调料的特点，分为醋熘、糖醋熘、茄汁熘、糟熘等。

5. 炒

炒类菜肴案例

炒是将加工成形的主配料用底油或滑油进行熟制处理，再放入调味料加热翻拌成菜的烹调方法。

（1）制品特点　味型多样、汁少芡紧；软嫩、脆嫩、干酥等。

（2）制法种类　滑炒、生炒、软炒、熟炒、干炒、清炒等。

（3）操作要领　上浆原料要做到吃浆上劲，上浆饱满不宜过厚。滑油时以断生为度。炒类菜肴要灵活运用火候，防止主料因失水过多而造成肉质柴老。注意调味的时机和投料的准确性。

6. 拔丝

拔丝类菜肴
案例

拔丝是将主料经走油后，置于失水微焦的糖浆中翻拌裹匀，可拉出糖丝而成菜的烹调方法。

（1）制品特点　色泽晶莹光亮，外脆里嫩、香甜可口。

（2）制法种类　水拔、油拔、水油拔等。

（3）操作要领　炒糖浆时，注意加热的火力和温度，避免糖浆上色和焦煳。注意糖和原料的比例，以糖汁均匀包裹原料为佳。原料走油后，保持原料表面温度，翻拌糖汁时要均匀到位，避免糖汁凝结，影响拔丝效果。主料如为含水量高的水果，应挂糊浸炸，以避免因水分过多造成拔丝失败。

7. 挂霜

挂霜类菜肴
案例

挂霜是将主料经走油处理，放入糖溶液中包裹呈白色霜状或撒上白糖而成菜的烹调方法。

（1）制品特点　洁白似霜、酥脆香甜。

（2）制法种类　撒糖挂霜法（撒霜）、裹糖挂霜法（返霜）。

（3）操作要领　主料挂糊不宜过薄，浸炸时火力不要过旺，避免颜色过深或糊壳过硬，影响质感效果。撒白糖（粉）或沾裹白糖（粉）要均匀。炒糖浆时宜用中火，防止糖液变色变味，失去成菜后洁白似霜的特点。放入走油的主料后，同时锅端离火口，用手勺助翻散热降温，使糖液与主料凝结包裹成霜状。

8. 煎

煎类菜肴案例

煎是将加工成的扁薄状主料调味（有些要拍粉或挂糊），然后用少量底油加热，将主料两面加热至金黄色而成菜的烹调方法。

（1）制品特点　表酥脆、内软嫩，无汤汁。

（2）制法种类　干煎、酿煎、蛋煎等。

（3）操作要领　主料形状不宜过大，较大的原料应剞上刀纹，以增大受热面积。火力不宜过大，小油量烹制，以微火煎制为宜。主料两面色泽金黄，成熟一致。

9．贴

贴是指数种原料黏合在一起，形成饼或厚片状，放在锅中煎熟，形成贴锅一侧酥脆，另一侧软嫩质感效果的烹调方法。

贴类菜肴案例

（1）制品特点　质感丰富、口味咸鲜。

（2）制法种类　适合动物性原料、水产品类烹饪原料，如鱼肉片、肥膘肉、瘦肉片。

（3）操作要领　贴菜的主料一般分为多层，成形要求大小、薄厚一致。应注意火候的运用，以中火或小火为宜，要晃动炒勺和往主料上滴油，以使主料均匀受热，成熟一致。

三、水烹法

水烹法是指主要成熟过程以水作为传热介质的烹调方法，包括汆、煮、煨、烧、扒、焖、㸆、煨、炖、烩、涮、蜜汁等。

（一）水烹类菜肴特点

1．汤汁醇美

原料中的营养成分和风味物质会溶解或分散在水中，从而形成味道醇美的汤汁。

2．味透肌里

水是各种物质进行扩散与渗透的良好介质，因此水烹法能使原料的滋味相互调和，调味品的滋味也容易渗入到原料内部，形成菜肴味透肌里的特点。

（二）烹调方法

1．汆

汆是指加工后的小型烹饪原料，上浆或不上浆，放入大量温度适宜的水中，运用中火或旺火短时间加热成熟，经过调味而形成汤菜的烹调方法。

汆类菜肴案例

（1）制品特点　加热时间短、汤宽不勾芡；清香味醇、质感软嫩。

（2）制法种类　根据汤的色泽分为清汆、浑汆等。

（3）操作要领　原料选择新鲜而不带血污、鲜嫩的动物性烹饪原料。主料成形以细薄为宜。汤汁多于主料，一般情况要用清汤。高档次主料要用高级清汤。部分主料在汆制前要经焯水处理。需要上浆的主料，宜用稀浆，且要做到吃浆上劲，以防止脱浆。汆制主料时，汤汁不要沸滚，否则主料易碎散或使汤色变浑，并要随时将浮沫撇净。

2. 煮

煮类菜肴案例

煮是将生料或经过初步熟制处理的半成品，先用旺火于水中烧沸，再用中小火加热至成熟的烹调方法。

（1）制品特点　菜汤合一、汤汁鲜醇、质感软嫩。

（2）制法种类　白煮、汤煮等。

（3）操作要领　煮制不加调料，可加入料酒、葱段、姜片等去除腥膻异味的香料。根据原料质地选择火力，如老韧的原料，用小火或微火煮制；软嫩的原料，用中火或小火煮制。异味偏重的原料，煮制前都必须经过焯水处理。水要一次加足，中途不宜添加冷水。白煮汤汁要保持浓白，火力不宜过大。

此外，还有以卤汁形式把主料煮熟食用的卤煮制法，此类菜肴如"大煮干丝""卤煮鸡""糟煮鸡"。

3. 煸

煸类菜肴案例

煸是将加工成形的烹饪原料经腌渍调味后，拍粉挂匀蛋液，用油煎至两面呈金黄色，添入汤汁加热调味，运用勾芡或收浓汤汁大翻勺装盘成菜的烹调方法。

（1）制品特点　色泽黄亮、软嫩香鲜、形状完整。

（2）适用范围　适用于动、植物性烹饪原料，如瘦肉片、鱼肉片、豆腐。

（3）操作要领　主料成形要易于成熟，底油、汤汁用量不宜多，烹制时间不要长，防止脱糊，注重菜肴形态。

4. 烧

烧类菜肴案例

烧是将刀工成形的主料经初步熟制处理后，放入有调料的汤汁中，用中小火烧透入味，旺火收浓汤汁或勾芡稠汁的烹调方法。

（1）制品特点　味型多样、滋味浓厚、质感软嫩。

（2）制法种类　按菜肴色泽和稠汁手段，分为红烧、白烧、干烧等。

（3）操作要领　原料先进行初步热处理（炸、煎、煸等），避免上色过重，否则会影响成品的色泽。用酱油、糖色调色时，采用分次加入并观察的手段，以防止颜色过深；添汤（或水）要适当，汤多则淡，汤少则主料不易烧透；注意火力和芡汁浓度，以既能挂住主料，又呈流瀣状态为宜。白烧时忌用大火猛烧，勾芡宜薄，一般多用奶汤烧制。干烧时宜用小火加热入味，旺火收汁时要不停地转动炒勺，防止粘勺，自然收尽汤汁。

此外，与红烧基本相同的还有葱烧、辣烧、酱烧等。

5. 扒

扒类菜肴案例

扒是将加工成形的烹饪原料进行初步熟制处理，整齐地叠码成形，放入勺内调味的汤汁中，加热烧透后勾芡，保持原料形态装盘的烹调方法。

（1）制品特点　造型美观、排列整齐、鲜香味醇、明油亮芡。

（2）制法种类　根据菜肴色泽分为白扒、红扒等。

（3）操作要领　主料须先经过汽蒸、焯水、过油等初步熟处理。扒制前主料要经过拼摆成形，使其保持整齐美观的形态。主料入锅时应平推或扒入，加汤也要缓慢，可沿锅边淋入，以防菜形散乱。扒制时用小火，避免汤汁翻滚影响菜形完整。勾芡时应徐徐淋芡，晃动扒勺防止粘连，大翻勺出勺装盘。芡汁用量不宜多，以能覆盖主料、有少量的芡汁流溢为度。

此外，按使用调料的特点，还有奶油扒、鸡油扒、蚝油扒、五香扒等烹调方法。

6. 焖

焖是将加工成形的烹饪原料进行初步熟处理后，放入汤汁中调味，加盖密封用小、中火长时间烧焖，使主、配料酥烂入味的烹调方法。

焖类菜肴案例

（1）制品特点　汤汁浓稠、质感软烂、口味醇厚。

（2）制法种类　红焖、黄焖、罐焖等。

（3）操作要领　红焖制法以色泽深红而得名，故调色不要过浅。主、配料在加汤焖制时，要一次性加足，不宜中途加汤或焖制后加汤；焖制时，必须用小火并加盖密封；焖制过程中，可调整一下主、配料的位置，以便受热均匀并防止粘锅。黄焖制法以色泽黄润而得名，故调色时不宜过深或过浅。主、配料在初步熟处理时，要使其表面呈现黄色，即为黄焖制法成菜打下底色；主、配料在加汤和调料焖制时，汤汁的颜色应达到浅色为宜；当主、配料软烂后，随着汤汁的减少，汤汁的颜色也会加深，因此，要充分留有余地。在用罐焖制时，汤汁和调料要一次准确加足，不宜中途添加汤汁或调料；用罐焖制之前，主料要经过初步熟处理，并与调好味的汤汁混合烧滚后，再放入罐中。

此外，按使用调料的特点，还有酱焖、糟焖等方法。

7. 㸆

㸆是将加工成形的烹饪原料，经初步熟处理后，加入调味品用汤汁烧沸，小火加热入味，旺火收浓汤汁成菜的烹调方法。

㸆类菜肴案例

（1）制品特点　汤汁浓稠、量少，质感软烂、醇厚，颜色红润亮泽，味咸略甜。

（2）制法种类　按调料特点划分，有干㸆、葱㸆、酱㸆、腐乳㸆等方法。

（3）操作要领　主料成形宜大不宜小。如经油煎，则要煎透；如经过油，油温要高，时间要短，以免主料水分损失过多。㸆类菜肴的汤汁及调料要一次加足。主料吃透其他调料后再放入白糖，不宜先放糖，否则汤汁会很快变黏稠，影响稠汁的效果。㸆类菜肴成菜后，应整齐地码在盘中，所以主料在切制时要形状整齐。

8. 煨

煨是将加工成形的主料，经焯水处理后，运用小火或微火长时间加热至软烂而成菜的烹调方法。煨是加热时间较长的烹调方法之一。

煨类菜肴案例

（1）制品特点　主料软烂、汤汁宽浓、鲜醇肥厚。

（2）制法种类　依据调料的颜色，分为白煨、红煨等。

（3）操作要领　宜用微火长时间加热，汤汁不沸腾。调味时应注重突出主料的本味，在主料充分软烂后再放入调料。调味以咸鲜为主，汤汁不勾芡。适用的烹饪原料为质地老韧的动物性原料，如鸡、牛肉、羊肉、蹄筋。

9. 炖

炖类菜肴案例

炖是将主料加入汤汁中进行调味，先用旺火烧沸后，采用中小火长时间烧煮至主料软烂成菜的烹调方法。

（1）制品特点　汤菜合一、原汁原味、滋味醇厚、质感软烂。

（2）制法种类　清炖、浑炖。

（3）操作要领　清炖时，要将主料内部的血水析出，然后用清水洗净，才能保证炖制后的汤汁清澈。炊具宜用散热较慢的陶器、瓷器，宜用小火炖制，使锅中汤汁保持微沸状态，否则汤汁易变浑浊，影响菜肴质量。加精盐必须在菜肴近于完全成熟时进行，过早则影响主料的软烂度和降低汤汁的鲜度。浑炖的主料如先煸炒后再炖时，要煸透、炒透。在煸炒过程中，要加有色调料（糖色）将主料上色，以保证炖制主料的色泽纯正。

10. 烩

烩类菜肴案例

烩是将多种易于成熟或经初步熟处理的小型原料放入鲜汤内调味，用旺火烧沸汤汁，勾米汤芡稠汁的烹调方法。

（1）制品特点　半汤半菜、汤汁微稠、口味鲜浓、质感软嫩。

（2）制法种类　清烩、白烩。

（3）操作要领　禽畜肉类的生料切制后，均宜上浆，经滑油后再烩制；烩制植物类生料汤汁不宜久煮，以防止汤汁浑浊。汤汁与主料的用量相等，或主料略少于汤汁。

烩按照色泽可分为红烩，即加入有色调料；糟烩即加入适量糟汁；糖烩，即加入白糖（或冰糖）；烧烩，即主料要经走油处理。

11. 涮

涮类菜肴案例

涮是将加工成形的主料，由食者夹入沸汤中，来回拨动烫制成熟，蘸调料供食的烹调方法。

（1）制品特点　锅热汤滚、自涮自食、味型多样。

（2）适用范围　烹饪原料广泛，以禽畜肉类为主，如羊肉、牛肉、鸡肉；以植物性烹饪原料为辅，如白菜、菜心、生菜、豆腐、粉丝。

（3）操作要领　动物性原料必须是无骨无刺、无皮无筋、新鲜细嫩的净料。切制肉料时，要薄而匀，且呈大片状，以便于夹涮，一滚即熟。涮料时汤水要沸，否则肉质不嫩。

12. 蜜汁

蜜汁是采用白糖、冰糖、蜂蜜等原料，加冷水将主料煨、煮、爝制成熟，并使菜肴糖汁稠浓的烹调方法。主料也可经过油、汽蒸等方法加工后，再放入用白糖、冰糖、蜂蜜等融合的甜汁中蒸至熟软，然后将主料扣入盘中，再将汁熬浓浇淋在主料上成菜的甜味菜烹调方法。

蜜汁类菜肴
案例

（1）制品特点　糖汁浓稠、甜香软糯、色泽蜜黄。

（2）适用范围　适用于干、鲜果品和根茎类蔬菜，如莲子、红枣、苹果、山药、芋头。

（3）操作要领　在运用甜味调料时，冰糖胜于白糖，蜂蜜也必不可少。要根据主料质地运用初步熟制处理方法和烹调方法，如主料鲜嫩、含水量高，则水的用量要适当减少。如用山药、甘薯、莲藕等作为主料时，因淀粉含量较高，烹制前应用冷水浸泡出部分淀粉，再加热调味。蜜汁的菜肴甜度要适口，不宜过甜，也可用汽蒸作为熟制手段，而且菜肴的色泽也会透亮美观。

四、汽烹、固体烹等烹调方法

（一）汽烹法

汽烹法主要是指蒸制法。蒸是将经过加工和调味的烹饪原料，利用蒸汽作为传热介质加工至熟的烹调方法。

（1）制品特点　菜肴富含营养，质感软嫩、软烂，形态完整、原汁原味。

（2）制法种类　干蒸、清蒸、粉蒸。

（3）操作要领　干蒸类菜肴宜用旺火猛汽蒸制。干蒸法调味：一种是一次性调味，要求调味要准确；另一种是基础味和辅助调味相结合。主料放入盛器后可采取加盖、封纸等方法，以隔绝蒸汽的侵入。清蒸类菜肴要选择鲜活的主料。用调料腌渍烹饪原料，时间不宜过短，否则不易入味。要根据烹饪原料的体积，掌握蒸制时间；对体积偏大的主料可运用剞刀法，扩大原料受热面积，帮助原料入味渗透。粉蒸类菜肴宜用旺火蒸制。主料成形后必须腌渍入味和上浆，以保证主料蒸后鲜嫩，也可起到粘连米粉的作用。

此外，为增加菜肴的清香味，也可用荷叶将主料包裹起来蒸制，如"荷叶米粉蒸肉""荷叶粉蒸鸡"。另有一种蒸扣制法，其制法与清蒸相似，但它仅限于将加工的主料整齐地码入扣碗内，加汤和调料蒸制成菜，再倒扣于盘内，然后将芡汁浇淋在主料表面（或不用芡汁），如"梅菜扣肉""冬菜扣肉"。

蒸类菜肴案例

（二）固体烹法

焗类菜肴案例

固体烹法是指通过盐或其他固体物质将热量传递给原料，使原料自身水分汽化致熟的烹调方法。焗是常用的固体烹法。

（1）制品特点　原汁原味、质感软嫩、本味浓郁。

（2）制法种类　物料焗、炉焗。

（3）操作要领　宜选用鲜活的烹饪原料。原料在焗制前要腌制并充分入味，使之味透肌里。烹饪原料形状较大者，如整鸡、排骨、乳鸽、鹌鹑，焗制时间要长些；如为含水量相对较高、体小的烹饪原料，如龙虾、蟹，焗制时间要稍短。加热时应以小火或微火为宜。

此外，还有瓦罐焗、镬上焗、酒焗等。这些方法是将主料置于汤汁中，其传热介质是水，因此不属于固体烹法，在此不作介绍。

（三）电磁波烹法

电磁波烹法菜肴案例

电磁波烹法是以电磁波、远红外线、微波、光能等为热源，使主、配料成熟的成菜方法。电磁波烹法通常运用机械设备作为加热工具，如红外线烤箱、微波炉、光波炉。

（1）制品特点　质感软嫩酥烂、形态完整，原汁原味，营养卫生。

（2）制法种类　远红外线加热、微波加热、光能加热等。

（3）操作要领　加热前应根据菜肴要求进行调味，合理调控加热时间和温度，以确保成菜的质量标准。

（四）其他烹法

1. 泥烤制法

泥烤类菜肴案例

泥烤制法是将经过腌制的烹饪原料用猪网油、荷叶等包扎，然后用黏土密封包裹，放在火上直接烤至成熟的烹调方法。

（1）制品特点　原汁原味、滋润香嫩。

（2）适用范围　适用于动物性烹饪原料，如鸡、乳鸽、鹌鹑。

（3）操作要领　黏土包裹原料的厚度要均匀一致，宜用旺火烧烤。烧烤的时间应视原料体积大小灵活掌握，体大的原料烧烤时间应长些；反之，则时间短些。烧烤时应不断将原料翻转，使其受热均匀。

2. 竹烤制法

竹烤是将原料加工成形，用调料腌渍入味后塞入青竹筒内，然后将青竹筒口封牢，放入烤炉内烤制成熟的烹调方法。

（1）制品特点　清香鲜嫩、原汁原味。

（2）适用范围　主要适用于动物性烹饪原料，如鸡、鱼。

（3）操作要领　应选用鲜活的原料，原料成形时不宜过大。竹筒宜选用鲜青竹，一头留竹节，一头开洞。烘烤时温度不要过高，避免竹筒外部烤煳。烤熟后将竹筒外部擦干净，用刀剖竹取食。

项 目 测 试

一、填空题

1. 烹调方法是指经过初步加工成形的烹饪原料，运用 _____、_____ 等手段将其制成特色风味菜肴的方法。

2. 烹调方法按传热介质划分，可分为 _____、_____、汽烹法、固体烹法、电磁波烹法及其他烹法，还包括多种传热介质的混合烹法。

二、选择题

1. 生拌类、生炝类、生腌类菜肴的烹调方法是（　　　）。

　　A. 有烹有调法　　　　B. 有烹无调法　　　　C. 有调无烹法

2. 拌炝腌类菜肴的烹调方法是（　　　）。

　　A. 热制凉吃法　　　　B. 凉制凉吃法　　　　C. 凉制热吃法

3. 四川菜肴"麻婆豆腐"的烹调方法是（　　　）。

　　A. 炖　　　　　　　　B. 烧　　　　　　　　C. 炒

三、判断题

1. 名肴"宫保鸡丁"的烹调方法是爆。（　　）

2. 名肴"糖醋鲤鱼"的烹调方法是炒。（　　）

3. 名肴"松鼠鳜鱼"的烹调方法是焦熘。（　　）

四、简答题

1. 分别试述油烹法中炸、熘、爆、炒的操作要领。

2. 分别试述水烹法中烧、煮、焖、汆的操作要领。

3. 试述汽烹法中蒸的操作要领。

4. 结合菜肴实例进行烹调方法分类。

项目 5.7　热 菜 装 盘

"

学习目标

知识目标：1. 掌握中式菜肴的装盘要求。

2. 掌握菜肴装饰的作用和要求。

技能目标：1. 能运用和完成装盘方法流程。

2. 会对菜肴进行装饰设计。

素养目标：注重烹饪创新和审美意识的培养。

"

一、热菜装盘的要求

热菜装盘是菜肴制作的最后一道工序，是将烹调成熟的菜肴装入盛器的过程。合理的装盘是菜肴与盛器的巧妙结合，是艺术美与自然美的和谐统一。菜肴装盘能够使菜肴的感官质量达到最佳境界，也直接考验烹调师的基本功和烹饪专业综合素养。

热菜装盘要突出菜肴的意境和文化氛围，对菜肴的形态、色泽都有规范的标准，对装盘操作人员有着严格的要求。

1. 注意操作卫生

热菜装盘要使用消毒器皿和预热盛器，要避免锅底污物对盛器的污染，滴落在盘边的汁水要用消毒洁布擦拭干净。菜肴不能随意用手触摸，注意隔离封装。菜肴需要切配分盘时，注意生熟分离，由专人在消毒环境下完成。盛装汤菜时不宜过满，以防端菜时手指触碰到汤汁。

2. 装盘动作敏捷协调

装盘的动作要准确熟练，缩短装盘时间，保持菜肴最佳质量。菜肴的温度是检验菜肴质量的重要标准，避免菜肴在装盘时色、香、味、形发生变化，就要提前做好装盘准备，敏捷协调地完成装盘任务。

3. 装盘要丰润整齐、突出主料

热菜装盘要突出主料，反映菜肴特色和意境，贴近筵席主题氛围。堆放的菜肴要圆润饱满；摆放的菜肴要整齐匀称；摊放的菜肴要布局合理；有主、配料的菜肴，主料应放在显著位置。

4. 装盘要突出菜肴的色泽和形态

热菜装盘是对菜肴造型的二次加工，可提升菜肴档次，展现菜肴特色。整鸡、整鸭的装盘，应以自然形态为主，腹部朝上，以突出菜肴的丰满体态；整鱼装盘时，若鱼体有刀纹，刀纹面要朝下；两条鱼同装一盛器时，鱼腹应相对摆放，以符合中餐文化的审美规律。蹄髈、方肉在装盘时皮面应朝上，以突出菜肴明亮的色泽。色彩相对单调的菜肴，应选择与之相宜的盛器或进行适当的装饰，做好弥补。

5. 分餐菜肴装盘时要做好布局设计

随着西餐文化的融入，中式分餐菜肴的菜例逐渐增多，对分餐菜肴的装盘要有整体设计，盛器要选择好，体现菜肴质量和特色；盛装汤羹类菜肴时，要做到分装均匀，原料分配合理。

二、菜肴与盛器的配合

中餐烹饪是世界三大烹饪流派之一，有着悠久的文化历史和举足轻重的地位。其中，中式餐饮盛器的发展对中餐烹饪起到了推动作用。无论从新石器时代到青铜器皿时代，从古代瓷器时代到现代意境式菜肴，盛器对菜肴的影响尤为重要。菜肴的设计制作与盛器配合紧密相连。只有恰当选择器皿的材质、规格、形状、色调、纹饰等，才能使菜肴与器皿相得益彰、和谐完美。

1. 合理选择器皿的工艺材质

现代餐饮市场，菜肴盛器的工艺材质形色各异、五花八门。我们要选择无毒无害、绿色环保、能突出菜肴美感的器皿。其中，瓷器仍为首选，很多高档筵席都会选择上等瓷器作为盛装器皿。另外，因为北方气候原因，菜肴容易快速变冷，也可选择石锅、陶泥瓦罐作为盛器，起到隔热保温的作用。餐具在使用前要经过消毒预热处理，以免影响菜肴质量。

2. 根据菜肴分量选择盛器规格

根据菜肴的分量标准，选择规格合适的盛器。应避免盛器规格过小，菜肴太局促影响筵席档次；同时也应避免盛器规格过大，而使菜肴不够饱满过于空旷，影响视觉效果。汤羹类菜肴不能装得过多或过少，一般占盛器的80%~90%。

3. 依据菜肴特点，合理选择盛器形状

中式菜肴形式多样，应根据菜肴的特点，选择形状合适的盛器。对于大众菜肴，应以圆盘或腰盘为主，利于管理和清洗。汤汁较多的煮、烩菜，可用窝盘、汤碗等盛装，高档次的汤菜可用瓷品锅、炖盅等盛装。扒菜用扒盘，整鸡、整鸭则用长腰盘或象形盘。用竹笼、汽锅、砂锅制作的菜肴，不另用盛器即可上席，保持菜肴特色。此外，适当选用异型盛器或用洗净消毒的动物外壳（如海螺、蟹壳）作为盛器入席，能增加筵席欢乐的气氛。

4. 菜肴的色泽与盛器的色调应协调

菜肴的色泽与盛器的色调应协调，起到衬托菜肴的作用。如色泽洁白的"熘鸡脯"用白盘盛装，则不能衬托菜肴的色泽美。如果用色调淡雅的青色或淡蓝色花边瓷盘盛装，则色彩搭配柔和雅致。干烧鱼、红烧蹄髈等深色菜肴，宜选用浅色或白色盘盛装，由于色彩对比强烈，使人感到鲜明醒目，再用绿色蔬菜点缀，色彩过渡就较为自然。另外，选用盛器时应注意冷暖色的运用，如蓝色常能让人联想起蓝天和大海，使人感觉冷；红色常能让人联想起红日，使人感觉热。随季节变化灵活选用盛器，能给人以赏心悦目的感觉。

5. 菜肴的档次与盛器的纹饰质地要相称

筵席根据功能需要有档次高低之分，高档菜肴需要高档餐具的配合，尤其体现在纹饰和质地上。一些造型别致、色调考究的餐具会提升菜肴档次。如我们在制作宫廷菜肴时，会选择传统青花瓷或采用金器、银器等盛器，就是与菜肴文化背景相称，烘托筵席层次。反之，一道普通菜肴若用贵重餐具盛装，也会产生不协调和华而不实的感觉。

三、热菜的装盘方法

热菜的装盘方法有很多，应根据菜肴的形状和烹调方法、芡汁的浓度、汤汁的比例灵活运用装盘方法。

（一）炸类菜肴的装盘方法

拨入法　适用于无汁无芡、形状小、质地脆嫩的炸类菜肴。

操作方法：拨入法是用漏勺将菜肴油脂沥净，盘中要垫放吸油纸。用筷子将菜肴拨入盘中，渣状物留在漏勺内，再用筷子将菜肴堆放整齐。如干炸丸子、软炸虾仁可用此法装盘。对于形状较大需要二次切配的菜肴，切配后可借助刀面将菜肴盛起，排放入盘。如炸猪排、锅烧鸡都可用此法装盘。

（二）炒、爆、熘类菜肴的装盘方法

1. 拉入法

适用于主料形态较小、不勾芡或勾薄芡的菜肴。

中式烹调技艺（第三版）

操作方法：装盘前先翻勺，尽量将形状完整较为美观的菜肴翻在表面。然后将锅倾斜，下沿置于盛器上方，用手勺左右交叉将菜肴拉入盘中。如清炒虾仁、油爆鸡丁都可采用装盘。

2. 倒入法

适用于质嫩易碎、芡汁稀薄的菜肴。

操作方法：装盘时将勺对准盛器，迅速向左上方移动，将菜肴一次性均匀倒入盘中。要求位置要准确，盘边不溅油迹，形态整齐。对主料、配料分散情况，可用手勺稍加调整。如糟熘鱼片、芙蓉鸡片都用此法装盘。为了突出主料，也可先将主料较多的部分盛入手勺内，待勺中菜肴倒入盘中后，再将手勺中的菜肴铺到面上即可。

3. 覆盖法

适于无汤汁的炒、爆类菜肴。

操作方法：装盘前先翻勺，使菜肴集中，借翻勺之机将菜肴用手勺接住，装入盘中；再将其余菜肴盛起，覆盖在菜肴上面；覆盖时手勺轻轻下按，使菜肴圆润饱满。如葱爆羊肉、油爆双脆都可用此法装盘。

（三）烧、炖、焖、蒸类菜肴的装盘方法

1. 拖入法

适用于烧、焖等形状较大的菜肴。

操作方法：菜肴出勺前，先让菜肴与勺体露出缝隙，将手勺插入菜肴下面，用手勺将菜肴轻轻拖拉入盘内。拖拉时，勺要同时慢慢左移，避免破坏菜肴形态。如红烧鱼、干烧鱼。

2. 盛入法

适用于不易散碎的条、块状菜肴。

操作方法：装盘时用手勺将菜肴分次盛入盘中，对于多种原料组成的菜肴要盛得均匀，盛装的动作要轻，不要破坏菜肴的形态，汤汁不要滴落在盘边。如红烧肉、黄焖鸡块。

3. 扣入法

适用于蒸类菜肴。

操作方法：先将形状较大的原料切配后，整齐地拼摆至盛器内，光面朝下。碎料用于填补空缺，再用配料码平碗口，浇入调料。蒸制后沥去碗汁，扣上空盘，双手按住，迅速翻扣过来，将碗拿掉，再浇上原汁即成。用扣入法装盘的菜肴圆润、整齐、美观。如冬菜鸭条、虎皮扣肉。

（四）扒类菜肴的装盘方法

扒入法　适用于扒类菜肴。

185

扒类菜肴注重造型完整，装盘技巧性强。装盘前沿锅边淋入油，轻轻晃勺，使油均匀渗入菜肴下面；再将勺移至盘边，向左上方移动，使菜肴整齐地滑入盘中。如海米扒菜心、扒素什锦。

（五）烩类菜肴和汤菜的装盘方法

1. 流入法

适用于芡薄汁多的烩类菜肴。

操作方法：将勺靠近汤碗，缓慢地将汤倒入碗内，锅不能离碗太远，羹汤也不要装得过满。如珍珠玉米羹。

2. 浇入法

适用于熟制原料码放在盛器内的汤类菜肴。

操作方法：先将经过熟处理的主料整齐码放于碗内，再将烧沸的汤汁缓慢地浇入汤碗内（不要冲乱菜料），最后在汤面上装饰以点缀物即可。如开水白菜、扣三丝。

四、热菜的装饰

热菜装饰就是菜肴在盛装过程中，对菜肴形态及色彩进行美化的操作。

（一）热菜装饰的作用

热菜在装盘过程中进行适当的装饰和点缀，可使菜肴在色、香、味、形上更佳。热菜装饰有以下作用：① 可以美化菜肴、突出菜肴的整体美；② 补充映衬原料，对菜肴色彩、造型、口味给予补充；③ 以美遮瑕，弥补菜肴在制作和装盘过程中的不足。

（二）热菜装饰的要求

1. 结合菜肴特点做好装饰

菜肴装饰前应考虑到菜肴的形状、色泽、口味、命名及盛器，使装饰后的菜肴主题突出、和谐统一。

2. 菜肴装饰要快捷经济

热菜装饰应以快捷、简便为原则。装饰时间过长，菜肴的温度、颜色、形态、口味、质感将发生变化。用于装饰的原料应提前准备和预制好，且装饰的成本不能过高，否则得不偿失。

3. 菜肴装饰应适度得体

装饰的目的在于美化菜肴、突出主料，装饰应适度得体、整齐和谐，不能过于繁杂而喧宾夺主。装饰物要简洁富有寓意，筵席中不宜所有菜肴都进行装饰，过度渲染。此外菜肴装饰应与筵席的主题、档次相协调。

4. 菜肴装饰要用食材，符合安全要求

用于装饰的原料应以可食性材料为主。原料应进行洗涤、消毒或熟制处理，不能滥用食品添加剂和人工合成色素，还要避免装饰物对菜肴的污染。

（三）热菜的装饰方法

热菜的装饰一般采用对称、旁衬、围衬、覆盖、点缀等方法。对菜肴进行美化，可体现菜肴的整体美和内在美。热菜的装饰方法有：

1. 表面装饰

对菜肴主体及盘面露白处，可采用可食性原料拼摆、食品雕刻、果酱盘饰等技法进行美化点缀。

（1）覆盖点缀　在菜肴的表面及周围，用点缀物加以覆盖，以使菜肴美化。覆盖点缀除可美化菜肴外，还可以起到补充调味作用，如"梁溪脆鳝"，成菜后用姜丝覆盖点缀，丰富了色彩，同时起到调味作用。此外，还可以弥补菜肴制作中的不足，如制作整鱼时鱼皮受损，装盘后，对鱼的表面进行覆盖点缀，能达到遮挡的效果。

（2）局部点缀　菜肴装盘时，在菜肴的表面、盘面露白处进行局部点缀，可突出菜肴整体美。局部点缀灵活简便，可通过配色、补白手法对菜肴进行装饰。如汤面上点缀一对用蛋泡塑造的鸳鸯，可使菜肴富有情趣；盘面空白处常用食雕花卉点缀，等等。局部点缀时应符合色彩的调配规律，达到和谐统一、美化菜肴的目的。

（3）边缘点缀　盘的边缘用小型装饰物做点缀，如凤尾黄瓜片、捆扎的柴把、红绿樱桃及果酱盘饰。点缀物一般放在圆盘的等分点上，或腰盘椭圆的中心对称位置上。

2. 中心装饰

（1）中心覆盖法　这种方法适用于向心式或离心式构图的菜肴。如"素什锦"的原料五颜六色，各种原料呈扇形依次排列组成一个圆，圆心处用香菇或银耳等加以覆盖点缀，则能取得整齐划一的效果。

（2）中心扣入法　两种菜肴同装对拼，将其中一种菜码装入碗中定型，蒸熟后扣入盘的中央，另一种菜码围摆在周围。如"鱿鱼蛋卷"，将蒸制的蛋卷切配码入碗内进行调味，蒸制后滗汤汁扣入盘中，周围摆上烹制好的鱿鱼。两菜交相辉映，美观大方。

（3）中心堆叠镶嵌法　如"莲蓬豆腐"，将鹌鹑蛋逐个倒入调匙内蒸制定型作为花瓣，用鸡茸糊作为黏合剂，在圆盘中央堆叠成荷花状。主料莲蓬豆腐围摆于周围，上笼蒸熟后再浇以清汤即可。

（4）中心摆入法　这种方法多以立体雕刻或食雕花卉作为中心装饰物。如"一品素烩"以素食中珍贵的三菇六耳为原料，盘内中心装饰物是整雕作品——双腿盘坐的罗汉，装饰寓意"佛门吃素"。菜肴琳琅满目，整齐划一。立体雕刻要求技术水平较高，不能粗制滥造，否则会令人生厌。

3. 围边装饰

围边又称镶边，就是菜肴装盘后，在主料周围或盘的周边进行装饰的一种方法。围边的形式一般有全围、半围或间隔围。热菜用于围边的原料以熟制热吃为主，常见的方法有：

（1）以菜围菜　适用于某一种烹饪原料用两种烹调方法制作的菜肴，或用两种以上不同原料制作的菜肴。一般将主菜置于盘中，配菜作为围边置于四周，配菜起增加色彩、调剂口味、衬托主菜的作用。如"香菇菜心"用菜心围边或用煮熟的鸽子蛋与菜心间隔围边，使菜肴白、绿、黑三色交错。这种盘饰形式比较活泼，有一定的立体感。

（2）图案式围边　将主、配料分别烹调成菜，用配料镶出图案框架，主料填充中间。如"宫灯虾仁"，用煸炒的青椒丝围成宫灯的轮廓，再配以白蛋糕雕刻的灯口，用胡萝卜切丝做灯穗。然后将烹制后的虾仁盛入中间，整体成宫灯形。图案式围边务求造型美观，色彩搭配协调。

（3）象形物围边　运用食雕技法，熟制后的各种象形物用于围边，如金鱼、琵琶、白兔、葫芦、梅花。如"金鱼鲜贝"将码碗蒸熟的鲜贝扣入盘中，再将熟鸽子蛋切成两片，用鸡肉茸将鸽子蛋与鸭掌黏合成金鱼状，熟制后用于围边。类似的菜肴很多，如"明珠扒海参""玉兔五彩丝"。围边时必须保证主菜的质量，否则华而不实。

4. 寓意性装饰

这种装饰方法比较复杂，制作者不仅要有一定的烹调技巧，还应有一定的文学和美学修养。制作前根据原料内容，联系宴会主题和文学上的典故及成语，先立意，经过完整巧妙的构思，运用各种装饰手法，将菜肴内容、命名、装饰物融为一体。如菜肴"金雀归巢"，制作者抓住雀与巢的形象特征和生活环境的内在联系，进行整体设计。先用土豆丝拌面粉在模具内码形，经炸制后形如"雀巢"，再将"雀巢"置于盘内，用于盛装菜肴；然后用立体雕刻作品"金雀"和萝卜花做旁衬，再用形似草的细萝卜丝堆摆在"雀巢"周围，最后用绿叶和雕刻小花做配色点缀。菜肴形象生动、装饰得体，使就餐者品尝美味的同时，引发审美联想，获得饮食文化享受。

能力培养

出勺装盘训练

准备贝壳或玉米粒等原料、餐具（10寸平盘）、灶台设备和炊具。利用替代食材原料，模拟菜肴出勺装盘训练。

活动要求：1. 出勺装盘要连贯流畅。

2. 餐具边缘要卫生清洁。

3. 菜肴装盘形状要美观。

一、填空题

1.菜肴装盘能够使菜肴的 _____ 达到最佳境界,也直接考验烹调师的基本功和烹饪专业 _____。

2.热菜的装饰一般采用 _____、旁衬、_____、覆盖、点缀等方法。对菜肴进行美化,可体现菜肴的整体美和内在美。热菜的装饰方法主要有 _____、_____、_____、_____ 装饰。

二、简答题

1.热菜装盘有哪些基本要求?

2.菜肴与盛器配合的原则是什么?

3.热菜装饰有哪些作用和要求?

单元 6　筵席知识

筵席，即人们通常所说的酒席，是遵循中式餐饮文化，按照固定规格质量和标准组配程序设计的整套菜点。筵席是中式聚餐的一种饮食形式，也是进行国事活动、社会交流、家庭团聚等常用的交流活动平台。

筵席是中式烹饪的重要组成部分，也是烹调技艺的一种表现形式。筵席有别于日常饮食和普通聚餐，它具有礼仪性、社交性、艺术性和规格化四个显著的特征。所以，作为一名现代烹调师，不仅要具有全面的专业理论知识和技术能力，同时还要具备筵席菜单设计、筵席策划等综合素质能力。

本单元的主要内容有：（1）筵席认知；（2）筵席的实施。

项目 6.1　筵 席 认 知

> **学习目标**
>
> 　　知识目标：1.理解筵席的作用和种类。
> 　　　　　　　2.掌握筵席的配餐要求。
> 　　技能目标：1.能辨别筵席的餐饮形式。
> 　　　　　　　2.能分析筵席菜点配置比例。
> 　　素养目标：注重中餐传统礼仪和烹饪核算意识的培养。

一、筵席的作用和种类

（一）筵席的作用

筵席是开展社交活动的一种重要的形式。社会是人们交互作用的产物。社会越进步，人们的交往就越密切和开放。随着我国经济的繁荣发展，与国际的交流日趋频繁。国家和普通家庭常利用筵席这种形式进行国事活动、社交活动，畅叙友情，增进彼此间的交流互动。筵席也正发挥着这种特殊而又富有效率的作用。

筵席给人以艺术美的享受。具有选料考究、制作精细、方法独特、技艺精湛、味型各异、造型优雅等特点的中式筵席，不仅使人们在味觉上得到了满足，同时也得到了视觉上的享受。通过筵席也能使食客了解传统的中国饮食文化和饮食习俗。中式筵席更能体现中餐文化的博大精深，更加注重中国文化元素，体现中华民族传统与现代餐饮艺术的美。

餐饮行业属于第三产业，它是为生产和生活服务的，在国民经济中占有一定的地位。进入 21 世纪后，随着我国经济的高速运行，人民的生活水平也在大幅度提升，同时也促进了餐饮、服务、旅游业的蓬勃发展。中国餐饮行业也正向规模化、程序化、标准化方向进军，筵席也正发挥着越来越大的作用。筵席不再是国民生活的奢侈品，已走入城市生活的寻常百姓家。

（二）筵席的种类

中式筵席是在古代祭祀的基础上发展演变而来。这些仪式中往往有聚餐活动，当时聚餐活动的形式及内容都比较简单。随着人类社会的不断进步，人们生活水平的日益提高，经济全球化促使中西饮食文化交融，从而中式烹调技艺也在体现着多元化，筵席的形式也逐步发展为多样化、规格化和系统化。

我国传统筵席种类十分繁多。按地方筵席风味划分，有四川风味筵席、广东风味筵席等；按筵席功能性质划分，有国事筵席、宫廷御宴、官府公宴、民间私宴、文会宴、家庭婚宴等；按烹饪原料划分，有用某一种原料或某一类烹饪原料组配制成整套菜点的筵席，如全羊席、全鱼席、全鸭席，有按第一道菜命名的燕窝席、海参席等；也有展示民族风味的筵席，如满汉全席、清真筵席；也可根据筵席烹饪原料名贵程度划分筵席规格，如高档、中档及普通筵席。随着筵席的种类和规格的拓展提升，中式筵席正朝着菜点精致、赋予文化、环保养生、勤俭节约、突出民族及地方风味特色的内涵发展。

现代的中式筵席按照组织形式，可归纳为以下三种：

1. 宴会席

宴会席是我国传统的筵席形式，其特点是气氛隆重、形式典雅、内容丰富。宴会席以热菜为主，包括冷菜（冷菜拼盘及围碟）、普通热菜、大菜、面点（甜点及咸点）、佐饭菜、汤汁、时令水果等。聚餐形式以圆桌、长条桌、方桌居多，食客有固定的席位，一般每桌 8~16 人。席位会按照主人、副主人、宾客等有序安排。宴会席菜肴（含面点）品种繁多，制作工艺精细，有严格的上菜程序。宴会席一般包括国宴（迎宾宴、晚宴、招待酒宴）、官宴、便宴（婚宴、生日宴、团聚宴）、家宴等。

2. 酒会席

酒会席又称自助酒席、自助餐，是借鉴西餐冷餐酒会的形式演变而来，具有形式组织不拘一格，气氛活跃且利于交谈，选取食饮自由便利的特点。酒会席的菜肴多以冷餐为主，一般热菜、面点、水果为辅，各式菜肴（点）按类别集中放置在长台桌上，宾客可根据自己的喜好选取菜点，席位不固定。在设计酒会席菜单时，就必须按照这种筵席的特点，体现多种口味，便于客人随意取食菜点。

3. 便餐席

便餐席又称零点餐，主要用于普通聚餐。便餐席不拘形式，内容灵活多样。主要由宾客根据食客自身喜好，选择时令或具有地方特色的菜肴、点心而组合成一套菜点，有别于其他筵席的系统规范形式。

除此之外还有地方风味筵席、全席、素席、面食（风味小吃）席等形式。

二、筵席菜点的配置

筵席中的菜点主要包括：冷菜类、普通热菜类、大菜类、甜菜类、面点类、汤汁类和时令水果等。筵席中还可以包括美化筵席、菜点的厨艺作品和装饰用品，以视觉方式烘托筵席氛围。

（一）筵席菜点配置构成

1. 冷菜类

冷菜类用于筵席中的凉菜，可根据筵席的规格选用花色艺术拼盘（彩拼、花拼、象形拼）、什锦拼、四双拼、四三拼、双对拼、锦盒、围碟等呈菜形式。筵席档次较高的冷菜，除以花色艺术拼盘作为主盘外，还可配上四、六或八围碟烘托筵席气氛。

2. 普通热菜类

此类菜肴选料广泛，以家禽、家畜、水产品、蔬菜、蛋类、水果等为主，要求烹饪原料形态较小，通过加工成片、块、丝、条、丁等，运用用炒、熘、爆、炸等烹调方法，制作出多样化及形态各异的菜肴。

3. 大菜类

大菜类是筵席中主打的烹饪原料，占筵席份额较高，或由整只、整块等形状较大的烹饪原料构成。筵席中的大菜类菜肴在造型和色泽上要突出筵席的氛围。大菜类菜肴在装盘及菜肴设计上要有特色、有新意，起到展示筵席档次的作用。传统筵席常以大菜类原料为筵席命名，如海参席。可选用扒、蒸、爆、炸、焖、熘、烧等烹调方法制作。

4. 甜菜

甜菜（又称甜品）是筵席中唯一以菜肴口味要求的必备菜肴。甜菜除可以调剂筵席口味外，还有着特殊作用。中餐筵席中以甜菜清洁食客口腔，便于在他们味蕾疲乏、不能灵敏辨别味道时达到提升敏感性的作用。甜菜主要指呈现单一甜味（香甜味型）的菜肴，通常采用拔丝、挂霜、蜜汁、蒸、煮等方法进行烹制。

5. 面点类

面点是筵席中不可缺少的主食，按照中餐饮食特点，其用以满足食客的温饱。筵席中选配面点的种类取决于筵席规格，多以烤、烙、煮、蒸为主。在数量上要呈双数，保证熟制方法多样的特点。筵席中的面点类品种能够凸显地区饮食特色，会穿插在筵席中上席，供宾客品尝。

6. 汤汁类

中餐饮食习惯具有南北差异，尤其体现在汤的理解和食用上。汤在我国南方饮食中有着重要地位，在热菜前即呈上筵席，而在北方则是在热菜后呈上，这一点很容易被忽略。当然，作为筵席，汤是必不可少的，除可以调节筵席口味外，还可以增加养生功能，彰显中餐饮食文化。

7. 水果类

筵席中的水果应选取时令鲜果，配置的数量、形式和程序可与冷菜共同呈上，也可在菜点后呈上。高档筵席还可用时令鲜果制作成艺术造型水果拼盘、果蔬雕刻等，烘托筵席气氛。水果中的维生素、矿物质等营养成分也能起到帮助人体消化和吸收的作用。

（二）筵席菜点配置比例

1. 普通筵席

冷菜类约占筵席成本的 10%，普通热菜类约占筵席成本的 40%，大菜类、面点类约占筵席成本的 50%。

2. 中档筵席

冷菜类约占筵席成本的 15%，普通热菜类约占筵席成本的 30%，大菜类、面点类约占筵席成本的 55%。

3. 高档筵席

冷菜类约占筵席成本的 20%，普通热菜类约占筵席成本的 30%，大菜类、面点类约占筵席成本的 50%。

上述筵席菜肴配置比例不是一成不变的，可根据本企业经营特色、各地区的饮食习惯、季节变化、筵席的规格档次及宾客的具体需求，灵活调配各类菜点所占筵席成本的比例，保持筵席菜点搭配均衡。

能力培养

在中国的餐饮市场，越来越多的西方餐饮元素走进中式菜肴餐桌。请同学们根据所学知识内容，分析中式和西式筵席的优势和特点。

活动要求：1. 分析筵席的形式规格。

2. 分析就餐的组织形式。

3. 分析菜肴的质量标准。

项 目 测 试

一、填空题

1. _____ 即人们通常所说的酒席，是遵循 _____，按照固定 _____ 和 _____ 设计的整套菜点。

2. _____ 又称自助酒席、自助餐，是借鉴西餐 _____ 的形式演变而来，具有 _____，气氛活跃且利于交谈，_____ 的特点。

3. 筵席中的菜点主要包括：_____、普通热菜类、_____、甜菜类、_____、汤汁类和时令水果等。

二、简答题

1. 请说出现代中式筵席菜点的配置构成和分配比例。

2. 现代筵席都有哪些组织形式？

项目 6.2　筵席的实施

学习目标

知识目标：1. 掌握筵席菜单设计的原则和要求。

2. 掌握筵席的准备及上菜程序。

技能目标：1. 能按工作流程筹备筵席。

2. 能准确组织实施上菜程序。

素养目标：注重培养严谨务实、精益求精的烹饪工作意识。

一、筵席菜单设计

筵席菜单设计是根据设宴要求，对菜点原料进行组配，对呈菜形式进行策划，使其构成具有规格标准且可执行的编排过程。筵席菜单标准在筵席菜点执行制作中起着重要的指导作用。筵席制作的工作流程均是围绕着筵席菜单设计的内容而展开实施的。

1. 筵席菜单设计的一般原则

（1）根据食客的需求、饮食习惯、宗教信仰，合理设计筵席。

（2）根据季节的变化，适时安排筵席菜单。

（3）根据筵席的规模和档次，确定筵席菜单的设计标准（菜点的风味等）。

（4）根据就餐者数量、年龄及人群特点，合理设计菜点。

（5）根据菜点特色，进行菜肴命名和合理排序。

（6）根据企业实际技术情况，制订筵席菜单。

2. 筵席菜单设计的基本要求

（1）熟悉筵席的规格和上菜的顺序　在设计筵席菜单时，应根据筵席的规格和档次合理编排筵席菜单。规格高的筵席要选料考究、刀工精细、烹调技术精湛，筵席盛器、就餐环境、服务标准都有着固定要求。上菜顺序要严格执行，不然会直接破坏整体筵席效果和就餐氛围。所以，在组配筵席菜肴时，要严格执行菜肴的上菜顺序。

（2）明确菜点的数量　筵席菜点的数量是按照就餐人数、销售价格、风俗习惯等因素进行量身定制。要保证消费者的利益，避免出现原料浪费的现象，突出筵席档次，合理确定菜点的数量。另外，也要根据食客的人群特征，设计菜点品种，对冷菜、热菜、面点进行灵活调配。

（3）菜点中色、香、味、形、质、器配合 制订筵席菜单时要考虑菜点色泽的搭配，旨在烘托筵席气氛、增进宾客食欲；口味要合理搭配、味型多样，使筵席显示出一菜一格、百菜百味的特色；在菜肴形态上要丰富，创作造型工艺菜点，突出新颖奇特、赏心悦目的感觉；在器皿选择上要突出材质和样式，高档筵席可选用高档瓷器，注意盛器的大小与菜点相适应，盛器的样式与菜点意境相衬托，使美器与筵席氛围相得益彰。筵席中菜点的质感要丰富，要呈现多样化。

（4）要突出营养配餐 设计筵席菜单要遵循季节变化和地区的饮食风俗习惯，突出筵席特色，以满足广大宾客的需求。在设计筵席菜单时，要运用饮食营养知识，使筵席菜点达到营养平衡，做到地域取材广泛、原料色彩多样、荤素搭配合理、筵席菜点营养元素丰富的特点。

（5）注重筵席主题氛围 筵席设计要注重主题氛围，不仅在菜点设计上要符合氛围标准，还要注意筵席意境的烘托和创设，让筵席主题鲜明，增加喜悦欢庆的元素。其主要体现在菜点的盘饰、命名、摆台布置、背景烘托等环节创设主题情境，增加筵席整体的艺术美感。

（6）准确核算筵席成本 设计筵席菜单是落实筵席配置的前提和标准，在设计菜单前必须了解筵席的性质，如就餐对象、顾客需求、筵席标准、筵席数量和就餐人数、企业的技术水平和设备情况、市场原料的供应及库存情况等。同时，还应根据筵席的规格要求与毛利幅度，对每道菜点及整个筵席的成本进行认真细致的核算。按照有计划、有组织地运营管理标准设计筵席。

二、筵席的准备和上菜程序

筵席实施制作阶段是一项复杂而有序的工作。从烹饪原料的采购到筵席器皿的选择，从烹饪原料的加工切配到菜点的烹调制作，从上菜组织程序到餐中的席中服务，每个环节都要紧密相连。所以筵席的准备工作显得尤为重要。为了保证筵席的平稳实施，必须做好筵席组织筹备工作。

1. 筵席的准备

（1）制订筵席菜单。要考虑筵席形式、筵席规格、宴请内容、菜点质量标准等内容，要分析宴请宾客的意图、筵席规格标准、宾客主体需求（宾客的背景、宗教信仰等）、烹饪原料市场供应情况、烹调师技术水平等因素设计筵席菜单。

（2）要做好采购工作。企业采购人员应根据厨师长上交的筵席购料单，按照提取时间和提取标准，保质保量地采购烹饪原料。

（3）根据筵席菜单所需的烹饪原料，提前做好烹饪原料的干货涨发、腌制等准备工作，筵席中操作工艺复杂的菜点应提前预制。

（4）根据筵席设计的要求，统筹人员安排，做到岗位分工明确、人人各负其责。

（5）检查厨房烹调设备，保证能源储备充足。

（6）挑选筵席菜点盛器，保证出品数量齐备。

（7）做好清洁卫生工作，确保食品安全卫生。

2. 筵席的上菜程序

各地区存在不同的饮食风俗习惯，在上菜程序上也有所差异。一般可根据筵席的规格、筵席的主题背景、进餐的节奏，按照计划布置，有节奏、有组织地依次上菜。筵席上菜的一般原则是：先冷菜后热菜，先上咸后上甜，先荤食后素菜；先上档次高的菜肴、后上普通类菜肴；先上菜肴副食、后上面点主食，先上佐酒菜肴、后上佐饭菜肴。对于原料形状相似的菜肴、烹调方法相近的菜肴，都要间隔呈上筵席，这样才能让筵席在菜点品种和质量上，如同一首美妙的乐曲，有起伏、有韵味，营造筵席和谐的主体气氛。

筵席菜单设计案例

筵席遵循的上菜程序：冷菜→大菜→普通热菜→面点→汤→时令水果。汤可根据地方特色和筵席的要求先上或后上，面点主食品种要穿插在热菜之间适时呈上筵席。

> 能力培养
>
> 请结合现代餐饮实际案例，收集筵席菜单，分析整理筵席菜点的配置比例及上菜程序。
>
> 活动要求：1. 分析筵席的种类。
>
> 　　　　　2. 分析筵席菜点配置比例。
>
> 　　　　　3. 分析筵席上菜程序。

项 目 测 试

一、填空题

1. 筵席菜单设计是根据 ＿＿＿＿＿，对菜点原料进行 ＿＿＿＿＿，对 ＿＿＿＿＿ 进行策划，使其构成具有 ＿＿＿＿＿ 且 ＿＿＿＿＿ 的编排过程。

2. 筵席菜单设计要注重菜点的 ＿＿＿＿＿、香、＿＿＿＿＿、形、＿＿＿＿＿、＿＿＿＿＿ 配合。

二、简答题

1.如何做好筵席的准备工作？

2.筵席菜单设计有哪些基本要求？

3.筵席上菜程序有哪些基本原则？

附录

附录 A 中式烹调师的工作标准要求 *

1. 中式烹调师（初级）

职业功能	工作内容	技能要求	相关知识
一、原料初加工	（一）鲜活原料初加工	1. 能对蔬菜类原料进行清洗整理 2. 能对家禽类原料进行开膛、清洗整理 3. 能对有鳞鱼类原料进行清洗整理	1. 蔬菜类原料加工方法及技术要求 2. 家禽类原料加工方法及技术要求 3. 有鳞鱼类原料加工方法及技术要求
	（二）加工性原料初加工	1. 能对腌腊制品进行清理加工 2. 能对干制植物性原料进行水发加工 3. 能对原料进行冷冻和解冻处理	1. 腌腊制品加工方法及技术要求 2. 水发加工的概念及种类 3. 干制植物性原料的水发方法及技术要领 4. 原料冻结和解冻方法
二、原料分档与切割	（一）原料部位分割	能根据鸡、鸭等家禽类原料的部位特点，进行分割取料	1. 分割取料的要求和方法 2. 鸡、鸭等家禽原料肌肉及骨骼分布 3. 家禽类原料各部分名称及品质特点
	（二）原料切割成形	能根据菜品要求将动植物原料切割成片、丝、丁、条、块、段等形状	1. 刀具的种类及使用保养方法 2. 刀法中的直刀法、平刀法、斜刀法的使用方法 3. 片、丝、丁、条、块、段的切割规格及技术要求
三、原料调配与预制加工	（一）菜肴组配	1. 能根据菜肴规格准确配置主、配料 2. 能完成单一主料冷菜的拼摆及成形 3. 根据菜肴品种合理选用餐具	1. 菜肴组配的概念和形式 2. 热菜配制的规格要求 3. 冷菜装盘的方法及技术要求 4. 餐具选用原则
	（二）着衣处理	1. 能对原料进行拍粉、粘皮处理 2. 能调制水粉糊、全蛋糊、水粉浆、全蛋浆	1. 淀粉的种类、特性及使用方法 2. 拍粉、粘皮的种类及技术要求 3. 制糊、调浆的方法及技术要求
	（三）调味处理	1. 能对动物性原料进行腌制调味处理 2. 能调制咸鲜味、酸甜味、咸甜味、咸香味等味型	1. 调味的原则与作用 2. 调味的程序和时机 3. 腌制调味的方法与技术要求 4. 味型的概念及种类 5. 咸鲜味、酸甜味、咸甜味、咸香味等味型的调配方法及技术要求

---

* 表中各项工作标准要求，依次递进，高级别涵盖低级别的要求。

职业功能	工作内容	技能要求	相关知识
四、菜肴制作	（一）热菜烹制	1. 能对原料进行焯水预熟处理 2. 能运用 6 种烹调方法（煎、炒、炸、煮、蒸、汆）制作地方风味菜肴	1. 加热设备的功能和特点 2. 加热的目的和作用 3. 焯水预熟处理的方法与技术要求 4. 翻勺的种类及技术要求 5. 烹调方法的分类与特征 6. 烹调方法煎、炒、炸、煮、蒸、汆的概念及技术要求
	（二）冷菜制作	能制作冷制冷食菜肴	1. 冷制冷食菜肴加工要求 2. 冷制冷食菜肴制作方法

2. 中式烹调师（中级）

职业功能	工作内容	技能要求	相关知识
一、原料初加工	（一）鲜活原料初加工	1. 能对家畜类的头、蹄、尾部及内脏原料进行清洗整理 2. 能根据菜肴要求，对无鳞鱼类原料进行宰杀、开膛加工	1. 家畜类原料清理加工技术要求 2. 无鳞鱼类的宰杀、开膛加工的技术要求
	（二）加工性原料初加工	1. 能对动物性干料进行油发加工 2. 能对粮食制品进行预制加工	1. 加工性原料的分类 2. 油发加工的概念及原理 3. 动物性干制原料的油发方法及技术要求 4. 粮食制品的种类及加工方法
二、原料分档与切割	（一）原料部位分割	1. 能根据猪、牛、羊等原料的部位特点，进行分割取料 2. 能根据鱼类原料的品种及部位特点，进行分割取料	1. 猪、牛、羊肌肉及骨骼分布 2. 不同品种鱼的肌肉及骨骼分布 3. 同种鱼体不同部位的肌肉特点
	（二）原料切割成形	1. 能根据菜品要求对动物性原料进行花刀处理 2. 能根据菜品要求对植物性原料进行花刀处理	1. 花刀分类及剞刀的方法 2. 花刀成形的种类及应用范围
三、原料调配与预制加工	（一）菜肴组配	1. 能根据菜肴质地、色彩、形态要求，进行主、配料的搭配组合 2. 能运用排、扣、复、贴等手法组配花色菜肴 3. 能完成 5 种以上冷菜的拼摆	1. 菜肴质地、色彩、形态的组配要求 2. 花色菜肴的组配手法 3. 几何图案冷菜的拼摆原则及方法
	（二）着衣处理	能调制水粉浆、全蛋浆、苏打浆、蛋清糊、蛋黄糊、蛋泡糊、脆皮糊、蜂巢糊	1. 着衣处理的作用 2. 蜂巢糊、脆皮糊、蛋泡糊的原理及技术要求
	（三）调味、调色处理	1. 能调制酱香味、奶香味、家常味、香辣味、麻辣味等味型 2. 能运用调料对原料进行调色处理	1. 调味的基本方法 2. 酱香味、奶香味、家常味、香辣味、麻辣味等味型的调配方法和技术要求 3. 调料调色的方法
	（四）制汤	能制作基础汤（毛汤）	汤的种类及技术要求

职业功能	工作内容	技能要求	相关知识
四、菜肴制作	（一）热菜烹制	1. 能对原料进行走油、走红预热处理 2. 能运用6种烹调方法（烤、熘、爆、烩、烧、焖）烹制地方风味菜肴	1. 油、汽传热预熟处理的方法及要求 2. 火候的概念及传热介质的传热特征 3. 烤、熘、爆、烩、烧、焖等烹调方法的概念及技术要求
	（二）冷菜制作	能制作热制冷食菜肴	1. 热制冷食菜肴的制作要求 2. 热制冷食菜肴的制作方法

3. 中式烹调师（高级）

职业功能	工作内容	技能要求	相关知识
一、原料初加工	（一）鲜活原料初加工	1. 能对贝类、爬行类、软体类原料进行宰杀、清洗整理 2. 能对虾蟹类原料进行宰杀、清洗整理 3. 能对菌类、藻类进行清洗整理	1. 贝类、爬行类、软体类原料的加工方法及技术要求 2. 虾蟹类原料的加工方法及技术要求 3. 菌类、藻类原料的加工方法及技术要求
	（二）加工性原料初加工	1. 能对中式火腿进行清理和分档加工 2. 能对干制鱿鱼、墨鱼进行碱水涨发	1. 碱水涨发加工的概念及原理 2. 中式火腿的分档方法 3. 动物性干制原料的碱发方法及技术要求
二、原料分档与切割	（一）原料分割	能对整鸡、整鸭、整鱼等原料进行整料脱骨处理	整料脱骨的方法及要求
	（二）茸泥原料加工	能运用动植物原料制作各种茸泥	各种茸泥的制作要领
三、原料调配与预制加工	（一）菜肴组配	1. 能运用包、卷、扎、叠、瓤、穿、塑等手法组配花色菜肴 2. 能完成象形冷菜拼摆	1. 包、卷、扎、叠、瓤、穿、塑等手法的技术要求 2. 花色冷菜的拼摆原则及方法
	（二）调味、调色、调质处理	1. 能运用天然色素对菜肴进行调色处理 2. 能调制茶香味、果香味、醋椒味、鱼香味等味型 3. 能对菜肴进行增稠处理	1. 味觉的基本概念 2. 勾芡的目的、方法及技术要求 3. 食用色素的种类及使用原则 4. 茶香味、果香味、醋椒味、鱼香味等味型的调配方法及技术要求
	（三）制汤、制冻、制茸胶	1. 能制作清汤、奶汤、浓汤 2. 能制作琼脂、鱼胶、皮冻类菜肴 3. 能制作鱼、虾、鸡类茸胶菜品	1. 制汤的基本原料及注意事项 2. 冻胶的分类及制作要领 3. 茸胶制品的特点、种类及技术要求
四、菜肴制作	（一）热菜烹制	能运用10种烹调方法（拔丝、蜜汁、扒、煨、炖、贴、煸、熏、糟、焗）烹制特色菜肴	1. 筵席热菜的构成及组配原则 2. 拔丝、蜜汁、扒、煨、炖、贴、煸、熏、糟、焗等烹调方法的概念及技术要求
	（二）冷菜制作	能运用挂霜、琉璃、熏、糟等方法制作特色冷菜	挂霜、琉璃、熏、糟等烹调方法的技术要求

201

附录

附录 B 烹调师的职业素养标准

烹调师，是以烹饪为职业，通过制作符合科学卫生和饮食质量标准的食品，为社会提供饮食服务的专业技术人员。

（一）烹调师的着装和仪表标准

烹调师的仪容仪表、个人卫生情况是评价一名烹调师是否合格的重要标准之一（见表 B-1）。每天上岗前，照镜子、正衣冠、自检卫生是烹调师走进厨房的第一项工作，仪表的规范体现了烹调师个人的敬业精神和个人卫生态度。而对于所在企业和团队，这是衡量管理规范的外在标准。根据饮食卫生"五四制"的要求，烹调师的个人卫生要做到"四勤"，具体是指勤洗手剪指甲、勤洗澡理发、勤洗衣服被褥、勤换工作服。

1. 发型修饰

烹调师发型修饰的总体要求是整洁，头发长度规范适中，利于工作和符合卫生标准。要勤洗头发，定期修剪。具体要求：男性烹调师前发不覆额，侧发不掩耳，后发不及领。女性烹调师如为长发，要用卡子或发箍把头发盘起来。

2. 面部修饰

面部修饰除了要保持整洁之外，还要注意多余毛发，如胡须、鼻毛的修剪。男性不留胡须，养成每日剃须的习惯。女性避免面部浓妆，注意面部化妆品的用量。

3. 手部修饰

手部注意卫生清理，勤剪指甲。手部及腕部不准佩戴首饰及装饰，比如戒指、美甲。

4. 工装要求

烹调师的专业服装以单一色调为主，利于清洗、利于工作、避免褶皱。工作裤不要过长，避免弄脏和弄湿，以西装裤样式较为多见，可以选择深色调或简单图案。厨房专用鞋的选择，要注意防滑和烫伤，一般以黑色皮鞋为主，但要保持清洁。颈部的领巾，从色泽和样式可以划分烹调师的级别和工作的岗位。传统的厨师帽采用布质作为原料，目前多采用纸质厨师帽，但需要经常更换，保持规范形象。围裙主要是用于保护衣服卫生和防止烫伤，采用布质原料，易于清洗和整理。

表 B-1 仪容仪表检查情况参照表

检查项目	内容	具体要求	评价情况	
头部检查	头发	干净整洁，前发不覆额，侧发不掩耳，后发不及领，长发盘起来	合格	不合格
	面部	干净整洁，无多余毛发	合格	不合格

检查项目	内容	具体要求	评价情况			
手部检查	洁净度	干净整洁	合格		不合格	
	指甲	无长指甲，指甲缝无脏物	合格		不合格	
	饰物	没有饰物	合格		不合格	
着装检查	工作帽	干净整洁，无油渍污物，及时更换	合格		不合格	
	工装、裤、围裙	干净整洁，无油渍污物，及时清洗	合格		不合格	
	工作鞋	干净整洁，无油渍污物	合格		不合格	

（二）烹调师职业道德标准

根据《国家职业技能标准》中对烹调师的具体规定，要求其具备以下职业道德标准。

1. 忠于职守，爱岗敬业

热爱烹饪事业，是烹调师职业道德的灵魂。烹调师的责任感，是决定其工作质量优劣的首要因素。中国素有"烹饪王国"的美誉，每一位烹调师都应为自己从事的工作感到自豪，将自己的身心融入到烹饪事业当中，培养高尚的情操和优良品质，充分发挥自己的聪明才智，以主人翁的态度对待工作。爱岗敬业，忠于职守，把自己职责范围内的事做好，合乎质量标准和规范要求，能够完成应承担的任务。

2. 讲究质量，注重信誉

讲究质量、注重信誉，是烹调师职业道德的核心。烹调师烹制的菜点，其质量的好坏，决定着企业的效益和信誉。不断提高菜肴质量是厨师应尽的职责。职业不仅是一个人安身立命的基础，也是为国家、集体、他人谋利益、做贡献的基本途径。因此，一个人能否精通本职业的业务，是做好本职工作的关键，也是衡量一个人能为国家、集体和他人做多大贡献的一个重要尺度，这也理所当然地成为烹饪从业人员职业道德的一项重要内容。

3. 遵纪守法，讲究公德

任何社会组织都需要有规矩和有约束力的规章制度，所属人员必需共同遵守和执行，这就是纪律。能自觉遵守纪律，才能把事情办好，违反纪律会导致工作不能正常运转，因此必须做到遵纪守法。凡违法行为，都要依法受到法律规定的处罚。

遵纪守法，不弄虚作假，对自己严格要求，是烹饪工作能够正常进行的基本保证，每位烹调师都要自觉遵守。遵守社会公德、法律法规及企业的规章制度是毋庸置疑的。同时，烹调师必须遵守行业的职业道德，严格执行《食品安全法》《环境保护法》《消费者权益保护法》《产品质量法》等相关法律法规。

4. 尊师爱徒，团结协作

团队精神，是职业道德的重要内容。厨房工作注重团队协作，大家必须相互配合，才能完成各项任务和指标。工作中，要按照流程注重团队意识，要听从指挥，精通不同岗位的任务。俗话说："三人行，必有我师"，在团队中只有尊师爱徒，相互鼓励，互相学习，才能共同发展，共同进步。

5. 精益求精，追求极致

中餐烹饪技法精湛，味型富有特色，不仅展示了中国烹饪数千年的文化内涵，还诠释了中华民族追求极致、勤于钻研的匠心态度。其刀工、火候、调味、装盘方式等，都可以反映出烹调师追求品质和专注的工作意识。菜肴的构思和装饰，也展示出烹调师的巧妙设计，以及精雕细琢的做事态度。中餐烹饪在不断发展壮大，"精益求精，追求极致"也是推动中餐烹饪提升发展，每一位烹调师所要具备的基础素养。作为中式烹调技艺的传承人，我们要继承和发扬这种精神，努力成为符合当今社会需要的高素质、高技能工匠型烹饪人才。

6. 积极进取，开拓创新

21世纪是科学力量加强的时代，人们都在追求创新，科技在创新，许多传统的行业也在追求创新。当然餐饮行业也不例外，作为烹饪从业人员，要不断地积累知识、更新知识，适应烹饪原料、烹调工艺、加工技术不断发展的需要，适应企业竞争、在创新中求发展、人才竞争的需要。当前，中国经济正全方位地向世界敞开，国外的企业涌入中国，中国的餐饮业面临着国外知名餐饮企业的冲击和挑战。因此，中国的餐饮业不仅需要大量的职业经理主管，而且需要大量精业务、懂管理、善经营、会理财、爱岗敬业的烹调师，共同开发、创新、振兴、弘扬中国的餐饮文化，不断开拓，提升中国餐饮业的规模和档次，扩大中餐品牌知名度。

参 考 书 目

[1] 周晓燕. 烹调工艺学 [M]. 北京：中国纺织出版社，2008.

[2] 孙国云. 烹调工艺 [M]. 北京：中国轻工业出版社，2000.

[3] 唐福志. 烹饪原料加工工艺 [M]. 北京：中国轻工业出版社，2000.

[4] 国内贸易部饮食服务业管理司. 烹饪基础 [M]. 北京：中国商业出版社，1994.

[5] 孙润书，王树温. 烹饪原料加工技术 [M]. 2 版. 北京：中国商业出版社，1992.

[6] 国内贸易部饮食服务业管理司. 烹调工艺 [M]. 北京：中国商业出版社，1994.

[7] 李刚. 烹调基础知识 [M]. 重庆：重庆出版社，1998.

[8] 李刚. 烹饪刀工述要 [M]. 北京：高等教育出版社，1988.

[9] 周妙林. 中餐烹调技术 [M]. 北京：高等教育出版社，1995.

[10] 罗长松. 中国烹调工艺学 [M]. 北京：中国商业出版社，1990.

[11] 张艳平，邹伟. 烹饪工艺基础 [M]. 北京：高等教育出版社，2017.

[12] 冯玉珠. 烹调工艺学 [M]. 4 版. 北京：中国轻工业出版社，2014.

郑重声明

高等教育出版社依法对本书享有专有出版权。任何未经许可的复制、销售行为均违反《中华人民共和国著作权法》,其行为人将承担相应的民事责任和行政责任;构成犯罪的,将被依法追究刑事责任。为了维护市场秩序,保护读者的合法权益,避免读者误用盗版书造成不良后果,我社将配合行政执法部门和司法机关对违法犯罪的单位和个人进行严厉打击。社会各界人士如发现上述侵权行为,希望及时举报,我社将奖励举报有功人员。

反盗版举报电话　　(010)58581999　58582371

反盗版举报邮箱　dd@hep.com.cn

通信地址　北京市西城区德外大街4号　高等教育出版社法律事务部

邮政编码　100120

读者意见反馈

为收集对教材的意见建议,进一步完善教材编写并做好服务工作,读者可将对本教材的意见建议通过如下渠道反馈至我社。

咨询电话　400-810-0598

反馈邮箱　zz_dzyj@pub.hep.cn

通信地址　北京市朝阳区惠新东街4号富盛大厦1座

　　　　　高等教育出版社总编辑办公室

邮政编码　100029

防伪查询说明

用户购书后刮开封底防伪涂层,使用手机微信等软件扫描二维码,会跳转至防伪查询网页,获得所购图书详细信息。

防伪客服电话

(010)58582300

学习卡账号使用说明

一、注册/登录

访问http://abook.hep.com.cn/sve,点击"注册",在注册页面输入用户名、密码及常用的邮箱进行注册。已注册的用户直接输入用户名和密码登录即可进入"我的课程"页面。

二、课程绑定

点击"我的课程"页面右上方"绑定课程",在"明码"框中正确输入教材封底防伪标签上的20位数字,点击"确定"完成课程绑定。

三、访问课程

在"正在学习"列表中选择已绑定的课程,点击"进入课程"即可浏览或下载与本书配套的课程资源。刚绑定的课程请在"申请学习"列表中选择相应课程并点击"进入课程"。

如有账号问题,请发邮件至: 4a_admin_zz@pub.hep.cn。